Blüten

Blüten-Aufbau

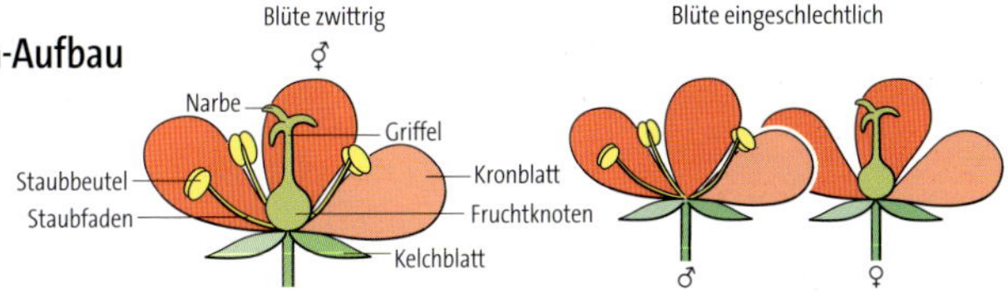

Blüten-Formen

verwachsen, 5-zählig, radförmig

glo

euzblütlerblüte

Zungenblüte

Röhrenblüte

Lippenblüte

Schmetterlingsblüte

Blütenstände

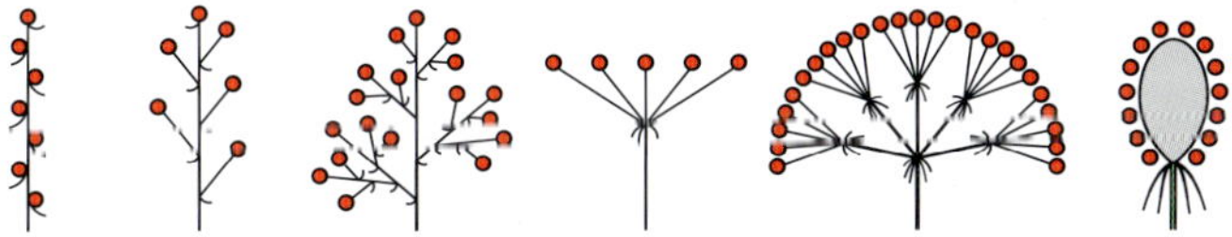

Ähre

Traube

Rispe

Dolde

zusammengesetzte Dolde

Köpfchen

Früchte

Hülse

Schote

Kapsel

Sammelfrucht

Beere

Samen mit Pappus

Heilpflanzen und ihre giftigen Doppelgänger

Ursula Stumpf

KOSMOS

Inhalt

Maßeinheiten

mg	Milligramm	TL	Teelöffel
g	Gramm	EL	Esslöffel
mm	Millimeter	ml	Milliliter
cm	Zentimeter	L	Liter
m	Meter	%	Prozent

Verwendete Symbole

ungenießbare, fototoxisch wirkende oder Allergien auslösende Pflanzen

schwach giftige, giftige, stark giftige und sehr stark giftige Pflanzen

Heilende Pflanzen und ihre Wirkung

Pflanzen sind die Grundlage unseres Lebens. Sie verwandeln die Strahlen der Sonne in Nahrung für Mensch und Tier. Sie liefern unser täglich Brot, Gemüse und Salat und versorgen uns indirekt, weil sie Futterpflanzen sind, auch mit tierischen Nahrungsmitteln wie Fleisch, Milch und Eiern. Pflanzen enthalten eine Fülle von Substanzen, die in den Stoffwechsel von Mensch und Tier eingreifen. Manchmal haben sie eine erwünschte Heilwirkung, manchmal dagegen eine giftige Wirkung. Dies ist aber immer eine Frage der Dosierung.
»Alle Dinge sind Gift und nichts ist ohne Gift. Allein die Dosis macht, dass ein Ding kein Gift ist.« Es war der große Arzt Paracelsus, der vor etwa 500 Jahren diesen Satz schrieb. Bis heute ist er in allen Bereichen des Lebens aktuell. Immer und überall ist es die Dosis, die bestimmt, ob der Umgang mit einer Pflanze, einer Substanz oder auch einer Gewohnheit eine vergiftende Wirkung entfaltet oder nicht.

Warum sind Pflanzen giftig?
Pflanzen bilden Giftstoffe, um sich vor Krankheiten und Fraßfeinden zu schützen. Damit schrecken sie Würmer und Insekten ab, die sie fressen wollen, und wehren sich gegen das Vieh, das sie anknabbert, bevor die Samen reif sind. So sind beispielsweise schon 140 g des Jakobs-Greiskrauts (S. 119) für Kühe und Pferde tödlich. Deshalb lassen die Tiere es auf der Weide stehen. Im getrockneten Heu können sie die Pflanze jedoch nicht mehr erkennen, fressen sie mit und sterben möglicherweise daran.
Tabakpflanzen wiederum produzieren Nikotin, um die Raupen des Tabakwicklers zu vergiften. Das funktioniert gut, denn sobald die Raupe merkt, dass dieser Giftstoff in dem Blatt enthalten ist, beendet sie ihre Mahlzeit. Nur wenig später beginnen die Pflanzen mit der Produktion eines Duftcocktails, der Nützlinge anlockt, die ihrerseits die Raupen fressen. Sie rufen quasi ihre Leibwächter. Wir Menschen nutzen das Nikotin in diesen Pflanzen für Zigaretten, die auch für uns – in Abhängigkeit von der Dosis – ein Gift sind.

Ab wann wird eine Heilpflanze zur Giftpflanze?
Es besteht kein grundsätzlicher Unterschied zwischen einer Heil- und einer Giftpflanze. Heilmittel sind auch Gifte – in Abhängigkeit von der Dosis. Und Gifte sind Heilmittel. Das gilt bereits für »einfache« Kopfschmerztabletten. Eine einzige davon erlöst von Schmerzen, zu viele machen Komplikationen und können unter Umständen sogar zum Tod führen.
Man kann einer Pflanze nicht ansehen, ob sie viel oder wenig Wirkstoffe enthält. Dies ist abhängig vom Alter, ihrem Standort, von der Sonneneinstrahlung, von der Beschaffenheit des Bodens, der Menge des Regens sowie vom Erntezeitpunkt.
So nimmt zum Beispiel beim Schlaf-Mohn (S. 126) während der Reife der Gehalt an giftigen Inhaltsstoffen immer weiter ab. Aus dem milchigen Pflanzensaft der unreifen Samenhülle wird das Opium gewonnen. Die reifen Samen hingegen enthalten die Opiumalkaloide nur noch in kaum nachweisbarer Menge. Die Samen eignen sich deshalb sogar für die Brot- und Kuchenbäckerei.
Andere mehrjährige Pflanzen speichern in ihren Wurzeln Reservestoffe. Gräbt man solche Wurzeln wie die vom Eisenhut (S. 136) oder vom Gefleckten Schierling (S. 109) im Winter aus, enthalten sie noch sehr viel mehr und sehr viel gefährlichere Inhaltsstoffe als im Sommer. Ob letzten Endes eine Pflanze für den einzelnen Menschen wie ein Gift oder wie ein Heilmittel wirkt, ist auch abhängig von seiner ganz persönlichen Konstitution. Alter, Gesundheitszustand, allgemeine Verfassung, Tagesform – alles spielt eine Rolle.

Große Arzneipflanzen
Es sind die giftigsten Pflanzen, aus denen die kräftigsten Arzneimittel entwickelt wurden. Ihre Inhaltsstoffe, zum Beispiel

Digoxin aus dem Fingerhut (S. 130), Colchizin aus der Herbst-Zeitlose (S. 123) oder Atropin aus der Tollkirsche (S. 128), werden heute synthetisch hergestellt und gezielt dosiert eingesetzt.

Links: Sauerdorn-Beeren sind lecker. Rinde und Wurzeln enthalten ein leicht giftiges Alkaloid.

Rechts: Auf keinen Fall probieren: Die schwarzen Beeren der Tollkirsche sind extrem giftig.

Heil- und Giftpflanzen unterscheiden lernen

Wir haben heute den Umgang mit heilsamen und giftigen Pflanzen verlernt. Wenn wir uns wieder stärker mit Pflanzen beschäftigen, können wir alles Gute, das sie uns schenken, bewusst und umsichtig nutzen. Von Kindesbeinen an müssen wir lernen, mit den Gefahren des Alltags umzugehen. Genau das macht das Leben von Kleinkindern so gefährlich. Unbekanntes stecken sie einfach in den Mund, auch Blüten, Blätter und Beeren, die sie beim Spielen finden. Immer sind dabei die Erwachsenen gefordert, sie in diese Welt einzuführen. Sie müssen wissen, welche Pflanze giftig ist und welche nicht. Sie müssen den Kindern zeigen, was sie anfassen, essen oder probieren dürfen und was nicht. Schließlich kann man nicht alles Giftige aus ihrem Umfeld verbannen. Die giftigsten Pflanzen Europas wachsen nicht selten in unseren Hausgärten: Eisenhut, Akelei, Rittersporn, Seidelbast, Fingerhut, Maiglöckchen, Goldregen sind nur einige Beispiele. Auch der Gemüsegarten steckt voller Gefahren. Frühere Generationen hielten die Kartoffel für eine Giftpflanze, weil sie die oberirdischen grünen Beeren aßen und krank wurden. Sie mussten lernen, dass die wertvolle Knolle unter der Erde wächst. Auch unreife Tomaten oder roh verzehrte grüne Bohnen bergen Risiken.
Bei einem Waldspaziergang begegnet uns die Tollkirsche (S. 128), deren glänzend schwarze Beeren zum Verzehr locken. Leider schmecken sie nicht einmal schlecht, so dass gerade Kinder in Gefahr sind. Drei Tollkirschen können für ein Kind schon tödlich wirken. Hier hat die Natur keinen Schutzmechanismus eingebaut, es hilft nur genaues Wissen. Die meisten Giftpflanzen schmecken allerdings so schlecht, dass man sie gerne wieder ausspuckt. Die Blätter des Fingerhuts (S. 130) sind schon beim ersten Kauversuch richtig bitter.
Wissen über die Pflanzenwelt hilft also Eltern, Großeltern und Erziehern, Sicherheit im Umgang mit wild wachsenden Pflanzen zu bekommen. Schwere Vergiftungen sind relativ selten, die Angst davor ist sehr viel

größer. Und das ist gut so, denn sie lehrt Vorsicht und Respekt im Umgang mit unseren grünen Wegbegleitern. Mit Wissen und Erfahrung wird aus der Angst vor der Natur wieder Achtung und Respekt. Schließlich sind mehr als 95% aller Pflanzen unserer Umgebung nicht giftig. Die restlichen 5% allerdings sollten Sie wirklich gut kennen.

Sicherheit gewinnen

Um es gleich vorweg zu sagen – eindeutige Merkmale, ob eine Pflanze giftig ist oder nicht, gibt es nicht immer. Es hilft aber der praktische Umgang. Gehen Sie immer wieder in die Natur, beobachten Sie die Pflanzen, suchen Sie sie in den Bestimmungsbüchern und vergleichen Sie Original und Foto. Nehmen Sie diesen Naturführer mit auf Ihre Spaziergänge und nutzen Sie die Angebote von Kräuterwanderungen in Ihrer Umgebung. Das gibt im Lauf der Zeit immer mehr Sicherheit.

Kinder lernen bei guter Anleitung schnell unsere Pflanzenwelt kennen.

Giftige Pflanzen haben oft Warnsysteme für Mensch und Tier entwickelt.

- Manche Pflanzen wie der Gefleckte Schierling (S. 109) riechen schlecht, muffig und abstoßend. Sehr oft schmecken sie ganz schrecklich. Wer sie in den Mund genommen hat, sollte sie schleunigst wieder ausspucken und den Mund spülen. Dann passiert meist nicht viel Schlimmes.
- Auch wenn Sie ein Blatt probiert haben, das anderen gut schmeckt, Ihnen aber gar nicht behagt, spucken Sie es sofort wieder aus. Es ist ein untrügliches Zeichen dafür, dass man etwas, das nicht schmeckt, auch nicht verträgt. Die Ausnahme sind die schwarzen Beeren der Tollkirsche (S. 128).

So finden Sie sich zurecht

Die porträtierten Heilpflanzen sind vom Frühling über den Sommer bis in den Herbst hinein geordnet: so, wie sie im Jahreslauf wachsen bzw. wann sie die für die Heilwirkung entscheidenden Pflanzenteile wie Blätter, Blüten oder Beeren tragen. Innerhalb der Jahreszeiten sind sie ihrem deutschen Namen nach in alphabetischer Reihenfolge aufgeführt. Im Kopf jedes Porträts stehen der deutsche und lateinische Name der Pflanze, die Familie, zu der sie gehört, Angaben zu Wuchshöhe und Blütezeit sowie die Information, ob die Art zu den einjährigen oder zweijährigen Pflanzen oder zu den Stauden, Sträuchern oder Bäumen zählt. Im Absatz **Merkmale** finden Sie die typischen Kennzeichen, unter **Fundort** die häufigsten Standorte. Unter **Ernte und Verwendung** erfahren Sie, welche Pflanzenteile Sie wann ernten und wie verwerten können und welche Heilwirkung die Pflanze besitzt.
Die Fotos zeigen typische Vertreter der Art. Mit ihrer Hilfe sind die meisten Pflanzen mit einiger Übung gut zu identifizieren. Besteht die Gefahr einer Verwechslung mit giftigen oder ungenießbaren Arten, sind diese im Kasten unter dem Porträt aufgeführt.
Im zweiten Teil (ab S. 104) lernen Sie giftige und ungenießbare Arten kennen. Giftige

Zimmer- und Gartenpflanzen sind nicht aufgenommen. Die Auswahl greift auf die Veröffentlichungen der Giftnotrufzentralen (S. 11) zurück. So mancher Pflanzenkenner wird sich fragen, wie man die aufgeführten Pflanzen verwechseln kann, etwa Johanniskraut (S. 51) mit Jakobs-Greiskraut (S. 119). Aber für diejenigen, die erst anfangen, die Pflanzen kennenzulernen und zu bestimmen, werden diese Hinweise eine Hilfe sein.
Die giftigen und ungenießbaren Pflanzen sind nach Pflanzenfamilien sortiert, da es viele Familien gibt, in denen gehäuft giftige Vertreter auftauchen, wie etwa die Hahnenfußgewächse. Ganz besondere Aufmerksamkeit erfordert die Identifizierung der weiß blühenden Doldenblütler. Die meisten von ihnen sind wertvolle Heilpflanzen. Andere dagegen, wie der Gefleckte Schierling (S. 109) oder die Hundspetersilie (S. 109), sind hoch gefährliche Giftpflanzen.
Die Pflanzenfamilien finden Sie im Porträtkopf unter dem deutschen und lateinischen Namen. Neben Höhe, Blütezeit und Wuchstyp ist dort auch vermerkt, wie giftig oder in anderer Weise schädlich die Art ist.
Die giftigen Pflanzen sind nach ihrer Wirkung in folgende Kategorien unterteilt:

- **schwach giftig:** führt zur Reizung der Schleimhäute, zu Erbrechen; Durchfall erst nach höherer Dosierung
- **giftig:** führt zu Erbrechen und Durchfall
- **stark giftig:** führt zu Erbrechen, Durchfall, Organschädigungen; unter Umständen bei hoher Dosierung tödlich
- **sehr stark giftig:** führt unter Umständen zum Tod
- Unter der Kategorie **ungenießbar** finden sich Arten, die zwar nicht giftig sind, aber zum Beispiel nicht schmecken, wie die Indische Scheinerdbeere (S. 131). Andere Arten sind dagegen gefährlich, weil sie **allergische Reaktionen** hervorrufen. So verursacht etwa der Wiesen-Bärenklau (S. 107) in Verbindung mit starkem Sonnenlicht Verfärbungen, eine sogenannte fototoxische Reaktion. Sie ist reversibel und meist nach einigen Tagen wieder verschwunden. Riesen-Bärenklau (S. 107) oder Seidelbast (S. 133) dagegen lösen Rötung, Juckreiz und schmerzhafte Blasenbildung aus.

Unter den Stichworten **Merkmale** und **Fundort** finden Sie wieder typische Kennzeichen sowie Standorte. Die Rubrik **Wissenswertes** enthält Angaben zur Wirkung der Giftpflanze, welche ihrer Teile giftig sind, zu welcher Jahreszeit und in welchem Reifezustand sie giftig ist und welche Symptome sie hervorruft.

Warme Farben und leckere Früchte laden im Herbst zum Genießen und Konservieren ein.

Fast alle Mitglieder der Greiskräuter (*Senecio*-Arten) enthalten Pyrrolizidin-Alkaloide.

Erste Hilfe bei Vergiftungen

Übelkeit und Erbrechen sind Warnsignale dafür, dass wir giftige Pflanzenteile aufgenommen haben. Der Körper versucht zwar, die giftigen Pflanzen durch diese Reaktionen loszuwerden, aber manchmal können die Gifte schon ins Blut gelangt sein und innere Organe schädigen, sodass Notarzt oder Vergiftungszentralen (S. 11) schnell helfen müssen. Das Allerwichtigste in einem solchen Fall ist, Ruhe zu bewahren und geeignete Erste-Hilfe-Maßnahmen zu ergreifen.

- Je besser Sie selbst die Pflanzen kennen, umso ruhiger können Sie reagieren.
- Wenn die Haut mit Gift in Berührung gekommen ist, spülen Sie mit viel Wasser und Seife.
- Wenn giftige Pflanzenteile verschluckt wurden, lösen Sie Aktiv-Kohle (etwa 10 g für Kinder, 30 g für Erwachsene) in Wasser auf und geben sie zu trinken. Aktiv-Kohle bindet viele Giftstoffe und verhindert dadurch deren Aufnahme ins Blut. Allerdings nimmt ihre Wirksamkeit innerhalb einer Stunde schnell ab.
- Wenn Sie keine Aktiv-Kohle haben, geben Sie viel Wasser, dünnen Saft (Himbeer-Saft für Kinder) oder dünnen Tee zu trinken. Das verdünnt den Mageninhalt.
- Geben Sie kein Salzwasser zu trinken, um Erbrechen auszulösen. Das ist gerade für kleine Kinder lebensgefährlich.
- Stecken Sie Ihrem Kind auch nicht den Finger in den Hals. Es besteht die Gefahr, dass das Kind weiter weint oder schreit und dadurch Erbrochenes in die Lunge gerät.
- Auch Milch ist kein gutes Hilfsmittel – sie kann die Resorption fettlöslicher Inhaltsstoffe fördern.
- Denken Sie daran, dass es eine gute Reaktion des Körpers ist, wenn der Betroffene sich von selbst erbrechen muss. So beseitigt der Körper die Pflanzenteile aus dem Magen. Kurzfristiger Durchfall entfernt sie aus dem Darm.
- Falls Benommenheit, Schläfrigkeit oder Atemnot eintreten, rufen Sie den Rettungsdienst (Notruf 112).
- Denken Sie daran, giftige Pflanzenteile mit zum Arzt oder in die Klinik zu nehmen.
- Fragen Sie bei Giftnotrufzentralen, was Sie im spezifischen Fall tun können. Adressen und Telefonnummern finden Sie auf der Seite gegenüber.

Giftnotrufzentralen

Deutschland

Berlin
Giftberatung am Universitätsklinikum Rudolf Virchow
Humboldt-Universität, Station 43
Augustenburger Platz 1
13353 Berlin
Tel.: 030/4505 35 55

Berlin
Berliner Betrieb für Zentrale Gesundheitliche Aufgaben (BBGes)
Institut für Toxikologie
Giftnotruf Berlin
Oranienburger Str. 285
13437 Berlin
Tel.: 030/ 19 24 0

Bonn
Informationszentrale gegen Vergiftungen
Zentrum für Kinderheilkunde
Universitätsklinikum Bonn
Adenauerallee 119
53113 Bonn
Tel.: 030/ 19 24 0

Erfurt
Giftnotruf Erfurt
Gemeinsames Giftinformationszentrum der Länder Mecklenburg-Vorpommern, Sachsen, Sachsen-Anhalt und Thüringen
c/o Klinikum Erfurt
Nordhäuser Str. 74
99089 Erfurt
Tel.: 0361/73 07 30

Freiburg
Informationszentrale für Vergiftungen
Universitäts-Kinderklinik Freiburg
Mathildenstr. 1
79106 Freiburg
Tel.: 0761/19 24 0

Göttingen
Giftinformationszentrum-Nord der Länder Bremen, Hamburg, Niedersachsen und Schleswig-Holstein (GIZ-NORD)
Georg-August-Universität Göttingen
Zentrum Pharmakologie und Toxikologie
Robert-Koch-Str. 40
37075 Göttingen
Tel.: 0551/19 24 0

Homburg/Saar
Informations- und Beratungszentrum für Vergiftungsfälle an der Universitätsklinik für Kinder- und Jugendmedizin
Robert-Koch-Str. 40
66421 Homburg/Saar
Tel.: 06841/19 24 0

Mainz
Beratungsstelle bei Vergiftungen Mainz
Klinische Toxikologie der II. Medizinischen Klinik und Poliklinik der Johannes-Gutenberg-Universität Mainz
Langenbeckstr. 1
55131 Mainz
Tel.: 06131/19 24 0

München
Giftnotruf München
Toxikologische Abteilung der II. Medizinischen Klinik rechts der Isar der Technischen Universität München
Ismaninger Str. 22
81675 München
Tel.: 089/19 24 0

Nürnberg
Giftinformationszentrale Nürnberg
Med. Klinik 1
Klinikum Nürnberg
Prof.-Ernst-Nathan-Str. 1
90419 Nürnberg
Tel.: 0911/398 24 51

Österreich

Wien
Vergiftungsinformationszentrale Wien
Gesundheit Österreich GmbH
Stubenring 6
1010 Wien
Tel.: 01/43 43 43

Schweiz

Zürich
Schweizerisches Toxikologisches Informationszentrum
Freiestrasse 16
8028 Zürich
Tel.: 145 (Notruf für die Schweiz) und 044/25 16 66 6

(Stand 2014)

Porträts zu 90 Heilpflanzen

Bärlauch

Allium ursinum **Lauchgewächse**

H 20–40 cm April–Mai Staude

Merkmale Zwiebelpflanze, riecht stark nach Knoblauch, bildet oft dichte Teppiche. Zwiebeln lang und schmal, von Häuten umgeben. Stängel 3-kantig, hohl. Meist 2 Blätter, wachsen direkt aus der Zwiebel, mit langem Stiel, knicken leicht ab, elliptisch, lanzettlich, Blattadern parallel, Blattunterseite matt. Einzelblüten weiß, sternförmig mit 6 Blütenblättern, wachsen am Ende des Stängels in rundlicher Scheindolde. Fruchtkapsel 3-fächrig, mit schwarzen Samen.

Fundort Bildet in schattigen Au- und Laubwäldern auf nährstoffreichen Böden dichten Blätterteppich.

Ernte und Verwendung Die ersten Bärlauch-Blätter im Jahr bringen die Frühlingskräfte in den Körper. Sie stecken voller Vitamine (C, B1, B2), Mineralien sowie Spurenelemente und aktivieren die Tätigkeit von Magen, Darm, Leber und Galle. Das entschlackt den Körper, beseitigt Verstopfungen, bringt die Lymphe ins Fließen, reinigt die Haut und stärkt das Immunsystem. Die Pflanze unterstützt Herz und Kreislauf, senkt den Blutdruck, hält die Gefäße flexibel und beugt Arterienverkalkung vor. Bei Husten und Bronchitis löst sie Verkrampfungen in den Bronchien und tötet die Erreger ab.

> Giftige Doppelgänger

Verwechslungen mit den Blättern von **Maiglöckchen S. 124**, **Herbst-Zeitlose S. 123** (s. Abb.), **Geflecktem Aronstab S. 106** und **Salomonssiegel S. 124** können vorkommen. Doch ihnen fehlt der Geruch nach Knoblauch, der in Bärlauchwäldern in der Luft liegt. Wichtig ist, die Blätter der Pflanzen genau zu unterscheiden.

Brunnenkresse

Nasturtium officinale **Kreuzblütler**

H 30–90 cm Mai–Okt. Staude

Merkmale Pflanze kahl, niederliegend und wurzelnd oder im Wasser schwimmend. Blätter gefiedert, mit 1–4 Fiederpaaren und größerem Endabschnitt. Blüten weiß, Kronblätter 3–5 mm lang, nach der Blüte lila. Staubbeutel gelb. Schoten 13–18 mm lang, bis zu 2,5 mm dick, etwas nach oben gebogen, Stiel kürzer als die Schote, waagerecht abstehend. Samen in jedem Fach 2-reihig.
Fundort Gräben, Bäche, nährstoffreiche Fließgewässer.
Ernte und Verwendung Das frische Kraut schmeckt scharf, leicht bitter, salzig und süßlich. Sie sollten es immer frisch essen, da die Wirkstoffe beim Trocknen verloren gehen. Liebhaber der Brunnenkresse holen sie schon im Vorfrühling und begleiten ihre Fasten- oder Frühjahrskur damit. Die Pflanze regt Appetit und Verdauung an. Sammeln Sie sie hauptsächlich von März bis Mai, dann schmeckt sie am besten. Der leicht scharfe Geschmack entsteht durch die Senfölglykoside, die das Kraut enthält. Es liefert eine Menge Vitamin C, A, B1, B2 und E, viele Mineralstoffe (Eisen, Jod (!), Calcium), Bitterstoffe und ätherische Öle. Die Pflanze stärkt das Immunsystem und wirkt wie ein natürliches Antibiotikum.

> Giftiger Doppelgänger

Verwechslung mit dem äußerst giftigen **Wasser-Schierling S. 110**, der oft Bachufer und Sumpfgräben mit der Brunnenkresse teilt. Allerdings wird die Pflanze viel höher, der Stängel ist röhrig und die Blätter sind schmal lanzettlich. Die Blüten sind zwar ebenfalls weiß, stehen aber in einer Dolde. Die Früchte sind eiförmig.

Besen-Ginster

Cytisus scoparius (syn. *Sarothamnus scoparius*) **Schmetterlingsblütler**
H 50–170 cm Mai–Juni Strauch

Merkmale Zweige meist aufrecht, kantig, grün, rutenförmig. Blätter klein, die oberen ungeteilt, die unteren 3-zählig, gestielt, dunkelgrün. Blüten goldgelb, bis zu 2 cm lang, zu 1–2 in den Blattachseln. Griffel nach der Bestäubung, bei der sich die Blüte explosionsartig öffnet, sehr lang und spiralig eingerollt. Samenschoten schwarz, bis zu 6 cm lang, am Rande zottig bewimpert. Samen leicht giftig.
Fundort Straßen- und Wegränder, Heide, lockere Wälder.
Ernte und Verwendung Alle Pflanzenteile enthalten verschiedene Chinolizidin-Alkaloide, in den Samen finden sich am meisten davon. Das leicht giftige Alkaloid Spartein schirmt das Herz gegen nervöse Überlastung ab, biogene Amine tonisieren die Venen und normalisieren den zu niedrigen Blutdruck. Man kann aus den Blüten einen Tee herstellen. Besser verwenden Sie jedoch Ginster-Präparate aus der Apotheke, in denen der Wirkstoff standardisiert ist. Nicht in der Schwangerschaft anwenden. Die Bach-Blüten-Essenz *Gorse* wird aus dem Stech-Ginster *(Ulex europaeus)* gewonnen und gibt wieder Hoffnung und Kraft für einen Neubeginn.

› Giftiger Doppelgänger

Die gelben Blüten können leicht mit den gelben Schmetterlingsblüten des **Goldregens** **S. 132** verwechselt werden. Meist angepflanzt, ist er auch als Gartenflüchtling in wilden Hecken zu finden. Der Strauch wird sehr viel höher, seine Blüten hängen in Trauben herunter, die Blätter sehen aus wie große Klee-Blätter.

Huflattich

Tussilago farfara **Korbblütler**
H 5–20 cm Febr.–März Staude

Merkmale Blütenkörbchen gelb, mit Röhren- und Zungenblüten, Blütenstiel mit rötlich braunen Schuppenblättern, Blüten erscheinen vor den Blättern. Blätter grundständig, lang gestielt, rundlich bis herzförmig, spitz gezähnt, jung beiderseits graufilzig, später Oberseite kahl. Leitbündel im Querschnitt des Blattstiels U-förmig angeordnet. Früchte mit weißem Pappus (Haarkranz).
Fundort Wegränder, Schuttplätze, Wälder.
Ernte und Verwendung Die Pflanze bessert mit ihren Schleimstoffen trockenen Reizhusten und löst durch ihre Salpetersalze bei krampfartigem und chronischem Husten den zähen Schleim und die Verkrampfungen in der Lunge. Ein Tee aus den Blättern erleichtert das Abhusten, weil die Pflanze gleichzeitig die Bronchialmuskulatur stärkt. Gerb- und Bitterstoffe entziehen Entzündungen den Boden. Während die in anderen Pflanzen enthaltenen Pyrrolizidin-Alkaloide in hoher Dosis die Leber schädigen und krebserzeugend sind, belegen aktuelle Untersuchungen, dass die im Huflattich enthaltenen Stoffe ungiftig sind. Dennoch gilt die Empfehlung, Huflattich-Tee nicht länger als 4–6 Wochen pro Jahr zu trinken und nicht in der Schwangerschaft und Stillzeit.

› Giftiger Doppelgänger

Die Blätter kann man mit denen der **Gewöhnlichen Pestwurz S. 120** verwechseln. Deren Blätter sind dünner, dunkler grün und werden im Lauf des Sommers sehr viel größer – bis über 60 cm breit. Die Leitbündel sind im Querschnitt zerstreut. Der Gehalt an Pyrrolizidin-Alkaloiden ist sehr viel höher.

Knoblauchsrauke

Alliaria petiolata **Kreuzblütler**

H 20-90 cm April–Mai 2-jährig oder Staude

Merkmale Stängel im unteren Teil abstehend behaart. 2 Blattformen: Grundblätter nierenförmig, lang gestielt, am Rand buchtig gekerbt; obere Blätter wechselständig, herzförmig, zugespitzt, kurz gestielt, am Rand unregelmäßig gezähnt. Blüten weiß, in Büscheln an der Stängelspitze, Kronblätter bis zu 6 mm lang. Früchte Schoten, kurz gestielt, aufrecht abstehend, bis zu 7 cm lang. Samen klein, schwarz, scharf. Pflanze riecht und schmeckt nach Knoblauch.
Fundort Gebüsch, Weg- und Waldränder.
Ernte und Verwendung Die Pflanze enthält viel Vitamin C und Provitamin A und kräftigt damit den frühjahrsmüden Körper. Geben Sie die Blätter an Salate, in Kräuterbutter oder fein geschnitten auf Suppen. Die Senfölglykoside sind verantwortlich für den scharfen Geschmack und gleichzeitig für die keimhemmende und pilzbekämpfende Wirkung. Außerdem regen sie in Frühjahrskuren die Entschlackung des Körpers über die Nieren an. Es lohnt sich nicht, die Blätter zu trocknen, denn Wirkung und Geschmack sind bei frischen Blättern am besten. Außerdem sind sie fast das ganze Jahr über zu finden. Die reifen Samen können Sie wie Senfkörner als scharfes Gewürz verwenden.

> Giftige Doppelgänger

Die jungen Blätter der Knoblauchsrauke gleichen denen des **Scharbockskrauts S. 115** (s. Abb.). Die Blätter der blühenden Pflanze sind giftig, sind aber kleiner, fester und glänzender. Die Stängelblätter sind mit den Fiederblättchen des **Schöllkrauts S. 126** zu verwechseln. Die Blätter beider Arten riechen aber nicht nach Knoblauch.

Breit-Wegerich

Plantago major **Wegerichgewächse**

H 10–30 cm Juni–Sept. Staude

Merkmale Blätter in einer Grundrosette, deutlich gestielt, breit eiförmig, mit 5–9 parallelen Hauptnerven. Stiele der Blütenähren kürzer als die Blätter. Blüten unscheinbar, durch die herausragenden Staubblätter erst blasslila, dann gelblich. Samen 3–4 mm lang.
Fundort Trittrasen, Wege, Schuttfluren.
Ernte und Verwendung Die Pflanze ist so zäh, dass sie sogar zwischen den Pflastersteinen der Gehwege wächst. Sie ist der eigentliche »König des Wegs«. Wirkung und Inhaltsstoffe sind ähnlich wie beim Spitz-Wegerich. Auch Breit-Wegerich stärkt die Atemwege bei zähem und krampfartigem Husten. Er enthält das Glycosid Aucubin, das gegen Bakterien wirkt, die Gerbstoffe reinigen Haut und Schleimhäute und können bei Entzündungen helfen. Tee, Tinktur oder Saft aus den Blättern stärken den Blasenschließmuskel und die Blasenschleimhaut, sodass eine empfindliche Blase mehr Abwehrkräfte bekommt. Kindern hilft dieser Tee bei nächtlichem Bettnässen. Besonders Wanderer schätzen die Pflanze als Wundheilmittel. Sie verreiben die frischen Blätter, bis der Pflanzensaft austritt, und streichen ihn vorsichtig auf Schürfwunden, Insektenstiche oder Sonnenbrand. Wertvoll sind auch die Blätter als natürliche Blasenpflaster. Egal, wo der Schuh drückt, ob die Stelle nur gerötet ist, ob sich schon eine Blase gebildet hat oder sie schon geplatzt ist, ein grünes Wegerich-Blatt bringt Erleichterung und sehr schnell die komplette Heilung. Junge Blätter enthalten Vitamin C und relativ viele Carotinoide. Sie schmecken frisch oder auch als Suppe zubereitet sehr fein nach (Stein)Pilzen. Die reifen Samen enthalten viele Schleimstoffe. Sie reinigen den Darm und wirken mild abführend, hemmen Entzündungen der Schleimhäute und senken zu hohe Cholesterinwerte.

Spitz-Wegerich

Plantago lanceolata **Wegerichgewächse**

H 10–40 cm April–Okt. Staude

Merkmale Alle Blätter in grundständiger Blattrosette, fast kahl, meist aufrecht, zerstreut behaart, schmal lanzettlich, 2–4 cm breit, bis zu 30 cm lang, 3–7 parallele Nerven. Ährenstiel unter der Blüte gefurcht. Blüten unauffällig bräunlich, zahlreich in zylindrisch ovaler Ähre, 1–3 cm lang, Staubgefäße gelblich, wie ein Rundkragen abstehend. Frucht 2-samig.

Fundort Wiesen, Weiden, Wegränder.

Ernte und Verwendung Die Kombination von Schleim, Gerbstoffen, Flavonoiden, Kieselsäure und antibakteriell wirkenden Iridoidglykosiden (Aucubin) macht Tee, Saft oder Sirup aus den Blättern zum Hustenmittel für alle Fälle. Die Pflanze hemmt Entzündungen, löst fest sitzenden Schleim und erleichtert das Abhusten selbst bei chronischem Husten und Keuchhusten. Eine 4-wöchige Kur im Frühjahr reinigt das Blut, unterstützt die Leber beim Entgiften, schützt sie und vertreibt die Müdigkeit. Trinken Sie dafür täglich einen Tee aus 1 EL klein geschnittenen Blättern, die Sie mit 1 L heißem Wasser übergießen und 5 Min. ziehen lassen. Bereichern Sie Salat, Gemüse, Suppe oder Butterbrot mit frischen Blättern. Bei kleinen Verletzungen oder Insektenstichen zerreiben Sie frische Blätter zwischen den Händen, bis der Pflanzensaft austritt, und streichen ihn vorsichtig über die betroffene Stelle. Das beschleunigt die Wundheilung und verhindert Schwellung und Juckreiz. Ernten Sie Spitz-Wegerich für Ihren Wintervorrat im Frühjahr vor der Blüte. Die reifen Samen schmecken wie kleine Nüsschen. Sie enthalten sehr viel Schleimstoffe, pflegen damit alle Schleimhäute und regulieren sanft den Stuhlgang. Streifen Sie sie vom Blütenstängel und legen Sie sie zum Trocknen auf Pergamentpapier. Sie sind Würze für den Salat, Belag für ein Butterbrot oder Zusatz beim Brotbacken.

Wohlriechendes Veilchen

Viola odorata **Veilchengewächse**

H 5–15 cm März–April Staude

Merkmale Pflanze mit wurzelnden Ausläufern, kurz behaart. Blätter in einer Rosette, lang gestielt, herzförmig, Blattstiel mit rückwärts anliegenden Haaren. Blüten dunkelviolett, Sporn meist gerade, Kelchblätter stumpf. Frucht dicht kurzhaarig.

Fundort Waldränder, Gräben, Gebüsch.

Ernte und Verwendung Veilchen ziehen die Blicke auf sich. Obwohl sie so klein sind, verführen sie die Spaziergänger im Frühjahr, sich zu ihnen hinunterzubeugen und ihren Duft einzuatmen. Unvorstellbar, dass 5 Tonnen dieser kleinen Pflanze benötigt werden, um 1 Kilogramm duftendes, ätherisches Öl zu gewinnen. Ein Tee aus der frischen Pflanze hilft gegen Erkältungen im Frühjahr. Es sind Blüten, Blätter und Wurzeln gemeinsam, die bei Husten helfen, Hals- und Kopfschmerzen lindern und Entspannung bei leicht erhöhtem Blutdruck bringen. Veilchen im Salat stärken die Knochen mit Calcium, das Blut mit Eisen und das Immunsystem mit Vitaminen. Violetter Veilchenessig ist eine Delikatesse. Erkalteter Tee ist ein pflegendes Gesichtswasser, bessert Hautunreinheiten und versorgt die Haut mit Feuchtigkeit. Eine Creme lindert Narbenschmerzen nach Brustkrebsoperationen.

> Giftiger Doppelgänger

Die **Gewöhnliche Haselwurz S. 129** ist zwar sehr viel seltener zu finden als das Veilchen, kommt aber in manchen Gegenden noch sehr häufig vor. Die nierenförmigen Blätter der Haselwurz sind immergrün, lederartig, dunkelgrün und glänzend sowie am Rand eingerollt. Sie riechen scharf, ähnlich wie Pfeffer.

Gewöhnlicher Andorn

Marrubium vulgare **Lippenblütler**

H 20–40 cm Juni–Sept. Staude

Merkmale Stängel und Blätter dicht weißfilzig, von bitterem Geschmack. Blätter gegenständig, breit eiförmig, 2–4 cm lang gestielt, unregelmäßig stumpf gezähnt, runzelig. Blüten kurz gestielt, in dichten, quirligen Blütenständen in den Blattwinkeln. Krone weiß, 6–7 mm lang, mit enger Röhre, Oberlippe 2-teilig, nach oben gebogen, Unterlippe 3-teilig, mit breitem Mittellappen. Kelch mit 10 hakigen Zähnen.
Fundort Wegränder, Schuttplätze.
Ernte und Verwendung Andorn war in alten Zeiten eine geschätzte Heilpflanze, doch hat man seine Anwendung im Lauf der Zeit vergessen. Er hilft mit ätherischem Öl und Gerbstoffen bei Erkrankungen der Lunge, löst den zähen Schleim und erleichtert das Abhusten. Vor allem bei chronischem Husten kräftigt ein Tee aus dem Kraut die Lunge. Mithilfe seiner Bitterstoffe beseitigt er Verdauungsstörungen im Magen-Darm-Trakt wie Völlegefühl, Krämpfe und Blähungen. Außerdem stillt er Schmerzen und stabilisiert den schwachen Kreislauf. Die Pflanze ist gefährdet und darf nicht gesammelt werden. Sie können sie aber gut im Garten anbauen. Sie trägt zur Entgiftung verseuchter Böden bei und entzieht ihnen Quecksilber.

› Giftiger Doppelgänger

Eine Verwechslung mit **Polei-Minze S. 125** ist möglich. Diese wächst aber eher auf feuchtem Grasland und am Ufer. Ihre Blätter sind kaum behaart, nur 1–3 cm lang und besitzen meist einen glatten Rand. Die Blüten sind rosa mit 4 gleich langen Zipfeln. Die Polei-Minze riecht stark aromatisch. Sie erzeugt Krämpfe und Koliken.

Arnika

Arnica montana **Korbblütler**

H 20–60 cm Juni–Aug. Staude

Merkmale Unverzweigt oder oben mit 2 Seitenästen. Stängel drüsig. Blätter grundständig in einer Rosette, lanzettlich, ganzrandig, ungestielt. Am Blütenstiel wenige gegenständige Blätter. Blüten einzeln, 4–7 cm, endständig, mit dunkelgelben Röhren- und Zungenblüten. Jede Zungenblüte mit 3 Zähnchen. Früchte 6–7 mm lang, mit etwa 8 langen, gelblichen Pappusborsten.
Fundort Bergwiesen, Weiden, Moorböden.
Ernte und Verwendung Arnika steht unter Naturschutz und darf nicht gepflückt werden. Die Tinktur aus den Blüten desinfiziert bei Verletzungen, lässt Wunden schnell und sauber heilen und hemmt Entzündungen. Arnika fördert die Durchblutung, regeneriert das Gewebe und lässt es abschwellen – auch bei Blutergüssen und Knochenbrüchen. Die intensive schmerzstillende Wirkung macht sich rasch bemerkbar. Die Tinktur sollten Sie vor der Verwendung immer im Verhältnis 1 : 5 mit Wasser verdünnen. Trotzdem reagieren manche Menschen allergisch. In homöopathischer Zubereitung gehört *Arnica* in jede Sport- und Reisetasche, denn sie bringt schnelle und sanfte Heilung von Verletzungen und den damit verbundenen Schrecken.

› Giftiger Doppelgänger

Stängel und Blätter des **Gemswurz-Greiskrauts S. 118** sind dicht wollig behaart. Die oberen Blätter sitzen wechselständig am Stängel, die unteren sind gestielt. Die Blattränder sind buchtig gezähnt. Blüten mit orangegelben, ungezähnten Zungen- und gelben Röhrenblüten. Die Pflanze enthält giftige Pyrrolizin-Alkaloide.

Arznei-Baldrian

Valeriana officinalis **Baldriangewächse**

H 50–150 cm Mai–Aug. Staude

Merkmale Stängel aufrecht, gefurcht, hohl. Blätter gegenständig, nach oben kleiner werdend, unpaarig gefiedert, Fiedern glattrandig oder gesägt. Blüten weiß oder rosa, Kronen 2–4 mm breit, 5 Kronblätter verwachsen, zahlreich in rispigen Scheindolden. Früchte 2–4 mm lang, mit bis zu 7 mm langen, fedrigen Pappusborsten. Wurzeln büschelartig mit Ausläufern.

Fundort Wälder, Ufer, Gebüsch, Feuchtwiesen.

Ernte und Verwendung Ab September, wenn von der Pflanze über der Erde nur noch die Stängel zu sehen sind, können Sie die Wurzeln graben. Solange sie so frisch sind, duften sie fast blumig. Der typische Geruch entsteht erst beim Trocknen. Baldrian gilt oft nur als Schlafmittel, dabei kann er viel mehr. Als Pflanze gegen Stress bringt er Ruhe und Überblick in unseren hektischen Alltag. Der Tee aus der Wurzel ist besonders wertvoll bei nervöser Erschöpfung und geistiger Überarbeitung. Unruhige fühlen sich ruhiger und Erschöpfte werden wieder munter. Er hilft, sich auf das Wesentliche zu konzentrieren und störende Reize auszublenden. Das stärkt hyperaktive Kinder in der Schule genauso wie stressgeplagte Erwachsene.

> Giftiger Doppelgänger

Getrocknete Baldrian-Wurzeln wurden schon mit den getrockneten Wurzeln des **Weißen Germers S. 123** verwechselt. Dieser wächst auf Alpenwiesen. Die Giftstoffe werden durch die unverletzte Haut aufgenommen und lösen einen starken Niesreiz aus. Ein Teeaufguss daraus führt zu schweren Vergiftungssymptomen.

Gewöhnlicher Beifuß

Artemisia vulgaris **Korbblütler**

H 50–180 cm Juli–Sept. Staude

Merkmale Stängel aufrecht, starr, kantig, oft braunrot überlaufen. Stängelblätter grob gezähnt bis fiederteilig mit spitzen Zipfeln, Oberseite dunkelgrün, kahl, Unterseite grauweiß. Blütenkörbchen 2–3 mm breit, gelblich braun, zahlreich in langen Rispen, nur Röhrenblüten.

Fundort Schuttfluren, Wegränder, Böschungen.

Ernte und Verwendung Im Frühling gehören die jungen Blätter des Beifußes in die sogenannte Neunkräutersuppe. Sie reinigen das Blut und unterstützen den Körper beim Frühjahrsputz. Ernten Sie im Sommer die oberen 30 cm eines Beifußstängels, kurz bevor die ersten Blüten sich öffnen. Blätter und Blüten verströmen beim Zerrreiben ein feines Aroma, das Insekten vertreibt und Menschen träumen lässt. Ein Tee aus dem blühenden Kraut bringt Wärme in den Körper, steigert die Abwehrkraft in Grippe- und Erkältungszeiten und fördert die Verdauung. Bei unregelmäßiger und schmerzhafter Menstruation wärmt, entspannt und entkrampft dieser Tee die Beckenregion und das Gemüt. Eine Kur mit dem Tee fördert die Empfängnisbereitschaft und erleichtert die Geburt.

> Ungenießbarer Doppelgänger

Beifußblättriges Traubenkraut S. 121. Die Blätter sind stärker gefiedert, meist bis zur Mittellinie geteilt, die Blattunterseite ist hellgrün und nicht grauweiß wie beim Beifuß. Die Stängel sind behaart, rund und nicht hohl. Das Traubenkraut wächst und blüht erst ab Hochsommer. Die Blütenstände sind feiner.

Beinwell

Symphytum officinale **Raublattgewächse**
H 30–100 cm Mai–Aug. Staude

Merkmale Stark verzweigt, steif behaart. Blätter lanzettlich, lang zugespitzt, die unteren bis zu 25 cm lang, laufen schmal in den geflügelten Stiel aus, Flügel am Stängel bis zum nächsten Blatt herablaufend. Blüte rotviolett oder gelbweiß, 1–2 cm lang, glockig, mit einer Einschnürung unter den 5 Zipfeln, nur der Griffel ragt heraus.
Fundort Feuchte Wiesen, Gräben, Ufer.
Ernte und Verwendung Graben Sie die Wurzel im zeitigen Frühjahr, dann enthält sie am meisten Allantoin. Dieses nimmt, in Form von Brei-Umschlägen oder Salben, zusammen mit Schleim- und Gerbstoffen die Entzündung, wirkt abschwellend und fördert die Heilung nach Knochenbrüchen, Drüsenschwellungen, Venen- und Schleimbeutelentzündungen. Die Salbe kuriert Verrenkungen, Verstauchungen, Sehnen- und Bänderrisse sowie Quetschungen. Auch Bandscheibenschäden, rheumatische und degenerative Prozesse in Gelenken und Knochen, Höckerbildung und Überbeine bessern sich. Da wilder Beinwell Pyrrolizidin-Alkaloide enthält, wird er nur äußerlich verwendet. Dabei werden diese Alkaloide nicht oder kaum resorbiert. Es gibt auch Zuchtformen, die frei von diesen Substanzen sind.

> Giftiger Doppelgänger

Die Blätter von jungen, noch kleinen Beinwellpflanzen wurden schon mit denen des **Roten Fingerhuts S. 130** verwechselt. Sie können im Frühjahr in einem Garten zur gleichen Zeit wachsen. Beinwell-Blätter sind in ihrer Struktur weicher und wässriger, kratziger, die Behaarung härter. Genaues Bestimmen ist wichtig.

Gewöhnliche Berberitze (Sauerdorn)

Berberis vulgaris **Sauerdorngewächse**

H 100–300 cm Mai–Juni Strauch

Merkmale Sommergrün, rutenförmige Äste. Meist 3-teilige Dornen, aus deren Achseln beblätterte Kurztriebe entspringen. Blätter verkehrt eiförmig, derb, fein und spitz gezähnt, kahl, in Büscheln stehend. Blüten hellgelb, duftend, in hängenden Trauben. Beeren rot, länglich, etwa 1 cm lang, matt.

Fundort Gebüsch, Hecken, felsige Orte.

Ernte und Verwendung Wurzel und Rinde der Berberitze sind intensiv gelb gefärbt. Sie enthalten das Alkaloid Berberin und gelten damit als (leicht) giftig. Früher verwendete man sie, um die Funktion von Leber und Galle anzuregen und Harnsteine aufzulösen. Heute ist das Alkaloid Berberin in Augentropfen eine wertvolle Hilfe bei Entzündungen von Bindehaut und Lidrand. Homöopathisch aufbereitet hilft die Pflanze bei Rheuma und Hautleiden. Die Beeren (»Sauerdorn-Beeren«) sind ungiftig und schmecken sehr erfrischend. Sie enthalten viel Vitamin C (160 mg/100 g), reichlich Mineralstoffe, Bioflavonoide und regen den Appetit und die Entschlackung an. Verwenden Sie die Beeren frisch, getrocknet oder als Saft und Marmelade. Bei Zahnfleischbluten hilft es, mit dem Saft zu gurgeln.

› Giftiger Doppelgänger

Es ist möglich, die roten Beeren des Sauerdorns im Herbst mit den eiförmigen, roten Beeren des **Bittersüßen Nachtschattens** **S. 127** zu verwechseln. Die Beeren sind noch giftiger, solange sie grün sind. Mit zunehmender Reife und Rotfärbung werden die Gifte zwar abgebaut, dennoch ist Vorsicht geboten.

Blutwurz

Potentilla erecta **Rosengewächse**
H 10–40 cm Juni–Sept. Staude

Merkmale Wurzelstock kräftig, Stängel niederliegend, blühende Stängel aufsteigend. Blätter 3- bis 5-zählig mit am Grund keilförmigen, grob gezähnten Teilblättern. Stängelblätter größer als grundständige Blätter, sitzend. Blüten gelb, etwa 1 cm groß, 4-zählig, einzeln auf 4–6 cm langen, dünnen Stielen.
Fundort Moore, Wiesen, Weiden.
Ernte und Verwendung Graben Sie die duftende Wurzel im Frühjahr oder im Herbst. Nach gründlicher Reinigung schneiden Sie sie in kleine Stücke und trocknen sie. Bewahren Sie sie in gut schließenden Dosen auf. Die Wurzel enthält bis zu 20 % Gerbstoffe, die mit dem Luftsauerstoff zu roten Farbstoffen (Phlobaphene) polymerisieren. Die Gerbstoffe helfen bei Unpässlichkeiten im Magen-Darm-Trakt, stoppen Durchfall und hemmen Entzündungen. Sie »reparieren« sogar verletzte Blutgefäße in den Schleimhäuten. Tee oder Tinktur aus der Wurzel sind deshalb auch ein beliebtes Gurgelwasser bei Entzündungen im Mund- und Rachenraum und bei lockeren Zähnen. Verwenden Sie die alkoholische Tinktur – 1 : 5 verdünnt – für Spülungen oder Kompressen bei kleinen, blutenden Wunden, Entzündungen, Geschwüren oder nässenden Ekzemen.

> Giftiger Doppelgänger

Der **Scharfe Hahnenfuß S. 114** zeigt schon im April und Mai seine Blüten auf einem langen, hohen Blütenstiel. Seine Blüten bestehen aus 5 glänzenden, gelben Blütenblättern. Die Blätter sind handförmig tief 5- bis 7-fach geteilt. Der Pflanzensaft kann bei empfindlichen Personen Hautreizungen hervorrufen.

Garten-Bohne

Phaseolus vulgaris **Schmetterlingsblütler**

H 30–300 cm Juni–Sept. 1-jährig

Merkmale Stängel bei der Busch-Bohne 30–40 cm, aufrecht, bei der Stangen-Bohne 30–300 cm, windend. Pflanze kurz behaart oder kahl. Blätter 3-zählig, lang gestielt, Teilblätter verkehrt eiförmig, zugespitzt, ganzrandig. Blüten weiß, in wenigblütigen Trauben, Schiffchen, Staubblätter und Griffel spiralig eingerollt, Blütenstand kurzer als das nächste Blatt. Frucht hängend, glatt, 10–20 cm lang, 2- bis 8-samig.

Fundort In Gärten, selten verwildert.

Ernte und Verwendung Die rohen Bohnen und ihre Schalen sind wegen des in ihnen enthaltenen Eiweißstoffs Phasin giftig. Dieser führt zu Erbrechen, Durchfall und Blutungen besonders im Dünndarm. Bei empfindlichen Personen kann auch blutiges Erbrechen und Blutdruckabfall bis zum Kollaps eintreten. Dazu kann es schon nach dem Verzehr einiger grüner Samen oder auch der grünen Fruchtschalen kommen. Kochen baut das giftige Eiweiß ab und macht die Bohnen zu einem weltweit sehr wichtigen, eiweißhaltigen Nahrungsmittel. Getrocknete Bohnenschalen sind seit alten Zeiten ein Bestandteil von Diabetikertees, weil sie den Blutzuckerspiegel leicht senken und die Nierentätigkeit anregen können.

› Giftiger Doppelgänger

Die Blätter der Echten **Osterluzei S. 130** ähneln Bohnen-Blättern stark, sind aber herzförmig eingeschnitten. Die gelben Blüten stehen in den Blattachseln. Die ganze Pflanze enthält Aristolochiasäure, die zu Magen-Darm-Krämpfen führen und in hoher Dosierung über lange Zeit möglicherweise Krebserkrankungen verursachen kann.

Borretsch

Borago officinalis **Raublattgewächse**
H 20–80 cm Mai–Sept. 1-jährig

Merkmale Pflanze rau behaart, mit Gurkengeruch. Stängel fleischig. Blätter lanzettlich, mit gewelltem Rand, untere gestielt. Blütenstand oft weit ausladend doldig, Blüte himmelblau, radförmig, 5-zipflig, lang gestielt, Staubbeutel dunkel, eine Säule bildend, Schlundschuppen vorstehend, weiß.
Fundort Gärten, Weinberge, Brachen.
Ernte und Verwendung Blüten und Blätter sind am besten, wenn Sie sie jung und frisch verwenden. Dann bereichern sie geschmacklich und dekorativ Salat, Soßen, Fischgerichte und Desserts. Borretsch hellt die Perspektive von traurigen, melancholischen Menschen auf und bringt frischen und frohen Mut. Er enthält, wenn überhaupt, nur geringe Mengen Pyrrolizidin-Alkaloide (vgl. Greiskräuter, S. 119), sodass es keine Einwände gegen die kurzzeitige Verwendung gibt. Verwenden Sie das Öl aus den Samen äußerlich und innerlich bei Neurodermitis und Allergien, weil es sehr viel Gamma-Linolensäure enthält. Diese aktiviert den Hautstoffwechsel. Bei rheumatoider Arthritis hemmt sie den Entzündungsprozess in den Gelenken. In den Wechseljahren sorgt sie im weiblichen Hormonhaushalt für inneres Gleichgewicht.

› Giftiger Doppelgänger

Die Blätter der jungen Pflanze sind leicht mit den Blättern von jungem **Rotem Fingerhut S. 130** zu verwechseln. Schon 2–3 Blätter des Roten Fingerhuts können tödlich sein. Borretsch-Blätter sind auch in jungem Zustand schon rau und kratzig behaart, die des Fingerhuts fühlen sich weich an. Fingerhut-Blätter schmecken stark bitter.

Dill

Anethum graveolens **Doldenblütler**

H 50–120 cm Juli–Aug. 1-jährig

Merkmale Stängel aufrecht, glatt, dunkel grün, bläulich bereift, oben ästig verzweigt. Blätter 2- bis 3-fach gefiedert, mit fadenförmigen Zipfeln, Blattscheiden 1–2 cm lang, oben mit abstehendem Häutchen (geöhrt). Dolden vielstrahlig, Hülle und Hüllchen fehlend, Blüte gelb, klein. Frucht oval, abgeflacht, mit flügelartigen Randrippen, manchmal gelb.

Fundort Meist kultiviert, selten verwildert.

Ernte und Verwendung Dill wird wegen seines ätherischen Öls mit dem Hauptbestandteil Carvon sowohl in der Küche wie auch als Heilpflanze geschätzt. Kraut und Blüten passen zu Gurken und anderen Gemüsen. Der Tee aus den Samen regt – ähnlich wie Anis, Kümmel und Fenchel – den Appetit an, beseitigt Magenverstimmungen, verhindert Blähungen und löst Krämpfe. Darüber hinaus beruhigt er strapazierte Nerven und ist bei Erkrankungen der Gallenwege und Leberstörungen eine hilfreiche Unterstützung. Bei Schlaflosigkeit bringt der Tee die gewünschte Entspannung und hilft dabei, abzuschalten. Dill ist ein sinnvolles Gewürz für junge Mütter, solange sie ihr Baby stillen. Er regt die Milchproduktion an und lindert auch bei Babys Blähungen und Bauchweh.

> Ungenießbarer Doppelgänger

Eine Verwechslung mit **Pastinak S. 108** ist möglich, weil auch dieser Doldenblütler gelbe Blüten besitzt. Allerdings ist Pastinak sehr viel kleiner. Er ist nicht giftig, sondern enthält nur Furanocumarine, die bei empfindlichen Menschen Hautreaktionen wie Rötung, Schwellung und Blasenbildung hervorrufen können.

Echter Eibisch

Althea officinalis **Malvengewächse**

H 60–150 cm Juli–Sept. Staude

Merkmale Stängel meist unverzweigt, ganze Pflanze samtartig behaart. Blätter 3- bis 5-lappig, länger als breit, unregelmäßig gezähnt. Blüten zu mehreren, kurz gestielt in den Blattwinkeln, 6–9 Außenkelchblätter, am Grund verwachsen, Kronblätter blassrosa, etwa doppelt so lang wie der Kelch. Frucht weniger behaart, fein gerippt, 5–8 mm.

Fundort Kultiviert und verwildert.

Ernte und Verwendung Die Blätter können Sie schon ernten, bevor die Pflanze blüht. Die Blüten sind als Knospen kurz vor dem Aufblühen am gehaltvollsten. Pflücken Sie sie nur bei trockenem Wetter. Die Wurzeln graben Sie am besten im Herbst. Sie sollten sie nur bürsten und nicht waschen, um die Inhaltsstoffe nicht herauszulösen. Alle Pflanzenteile müssen sanft und schnell im Schatten trocknen, damit sie nicht schimmeln. Sie enthalten wertvolle Schleimstoffe, die sich wie eine Schutzschicht über trockene, gereizte und entzündete Schleimhäute legen. Sie helfen bei Halsschmerzen, Reizhusten und Bronchitis, bei empfindlicher Magenschleimhaut und gereizten Harnwegen. In Erkältungszeiten stärkt Eibisch die Abwehrkräfte , sodass Viren keine Chance haben. An heißen Sommertagen, wenn der Ozongehalt der Luft sehr hoch ist, schützt er den Atemtrakt vor der Reizung durch Ozon. Am einfachsten kauen Sie täglich 1–2 Scheiben der getrockneten Eibisch-Wurzel. Sie können auch einen Tee aus den Blüten, den Blättern oder der Wurzel bereiten. Setzen Sie ihn jedoch immer kalt an, weil die Schleimstoffe durch heißes Wasser zerstört werden. Legen Sie zum Beispiel 2–3 Wurzelstückchen über Nacht in ein Glas kaltes Wasser. Die Wurzel schleimt rasch aus. Am nächsten Tag entfernen Sie die Wurzel wieder und trinken den gelartigen Auszug schluckweise über den Tag verteilt.

Eisenkraut

Verbena officinalis **Eisenkrautgewächse**

H 20–70 cm Juli–Okt. Staude

Merkmale Pflanze mit Wurzelausläufern. Stängel hart, steil, rau, 4-kantig, nach oben offen verästelt. Blätter gegenständig, unten kurz gestielt, oben sitzend, bis über die Mitte 3-teilig bis fiederschnittig. Blüten klein, blassblau bis rötlich, in Ähren am Ende des Stängels, blühen täglich neu. Kelch 4- bis 5-zählig. Fruchtknoten zerfällt in 4 Samen.
Fundort Hecken, Wegränder, Schuttplätze.
Ernte und Verwendung Verwenden Sie das blühende Kraut. Es enthält Iridoide, Flavonoide, Kaffeesäure-Derivate, Gerbstoffe, Bitterstoffe, Triterpene und ß-Sitosterol. Ein Tee löst den zähen Schleim bei Husten und Bronchitis, hilft bei lästigem Räuspern und Entzündungen der Nebenhöhlen. Bei Erkältungskrankheiten stärkt er das Immunsystem, indem er die Tätigkeit der Fresszellen anregt (Phagozytose). Kompressen mit dem erkalteten Tee helfen bei bakteriellen Entzündungen der Haut, bei Ekzemen und Sonnenbrand und heilen die Windeldermatitis an Babypopos. Wenn Sie bei Cellulite konzentrierten Tee aus Eisenkraut regelmäßig in die Haut einmassieren, entwässert und strafft er das Gewebe. Der Tee macht einen klaren Kopf, fördert die Konzentration und nimmt die Nervosität vor Prüfungen. Eisenkraut regt die Produktion von Oxytocin im Hypophysenhinterlappen an. Oxytocin ist das sogenannte Kuschel- oder Treuehormon. Es löst Ängste und schafft Wohlfühlstimmung. Auch im Sexualverhalten spielt es eine Rolle. Eisenkraut hilft bei der Einleitung der Geburt und fördert die Bildung der Muttermilch in der Stillzeit. Nicht in der Schwangerschaft verwenden. *Vervain* heißt die Essenz der Bach-Blüten. Sie hilft denen, die sich für eine gute Sache verausgaben. Bach schrieb: »*Vervain* lehrt uns, dass die großen Dinge eher durch das Sein als durch das Tun erreicht werden.«

Wald-Engelwurz

Angelica sylvestris **Doldenblütler**

H 50–200 cm Juli–Sept. Staude

Merkmale Stängel hohl, rund, weißlich bereift. Blätter 2- bis 3-fach fiederteilig, sehr groß (bis zu 60 cm), im Umriss 3-eckig, Blättchen breit, gezähnt, Blattscheiden bauchig aufgeblasen. Blüten weiß, Hüllblätter zu 1–3 oder fehlend, Hüllchenblätter borstenähnlich, in halbkugeliger Dolde. Samen breit, oval, flach, mit geflügelten Randrippen.

Fundort Auenwälder, Nasswiesen, Wegränder.

Ernte und Verwendung Graben Sie die Wurzel im Herbst ihres ersten Wachstumsjahrs. Nur dann ist sie am gehaltvollsten. Säubern Sie die Wurzel, schneiden Sie sie in Scheiben und trocknen Sie sie. Bewahren Sie sie kühl und dunkel auf, dann bleiben das wertvolle ätherische Öl, die Bitterstoffe, Flavone, Cumarine, Gerbstoffe, Harze und Zucker gut erhalten. Tee oder Tinktur aus der Engelwurz fördern die Verdauung, aktivieren Magen, Galle- und Bauchspeicheldrüse. Bei Fieber und Grippe stärken sie die Abwehrkräfte, befreien die Lunge vom Husten, sorgen für freie Nasen und gut belüftete Nasennebenhöhlen und bringen die Wärme in Menschen, die leicht frieren. Ein Bad in einem Absud aus Engelwurz ist eine Wohltat bei rheumatischen Schmerzen.

› Giftige und ungenießbarer Doppelgänger ☠

Verwechslung der blühenden Wald-Engelwurz mit **Geflecktem Schierling S. 109** (s. Abb.), **Hecken-Kälberkropf S. 108** und **Hundspetersilie S. 109** sind möglich. Alle drei haben sehr viel feiner gegliederte Blätter und mehr oder weniger intensiv gefleckte oder gefärbte Stängel. Ein ungiftiger Doppelgänger ist der **Wiesen-Bärenklau S. 107**.

Gelber Enzian

Gentiana lutea **Enziangewächse**

H 50–120 cm Juni–Aug. Staude

Merkmale Stängel rund, aufrecht, unverzweigt, hohl. Blätter breit lanzettlich, flach ausgebreitet, mit 5–7 bogigen, verzweigten Hauptnerven, gegenständig, bis zu 30 cm lang, bläulich grün, untere gestielt, obere teils stängelumfassend. Blüten gelb, zu 3–10 in den Achseln der oberen Blattpaare, weit trichterförmig, Kronblätter 5–7. Frucht eine Kapsel.

Fundort Alpenweiden, Latschen- und Trockengebüsch, im Gebirge.

Ernte und Verwendung Enzian steht unter Naturschutz. Im Lauf von Jahrzehnten wird seine Wurzel armdick, bis zu 1 m lang und mehrere Kilogramm schwer. So ist sie leicht zu ernten – und auch leicht auszurotten. Deswegen ist die Enzianernte heute streng lizensiert. Die Medizin schätzt Enzian wegen seiner Bitterstoffe. Sie regen den Stoffwechsel an, fördern die Produktion von Speichel- und Magensaft und sorgen für eine bessere Durchblutung des Verdauungstrakts. Tee und Tinktur aus der Wurzel regen die Funktion von Leber, Galle und Bauchspeicheldrüse an. Sie helfen bei Magenbeschwerden und Verdauungsstörungen und stärken das Immunsystem bei entzündlichen Magen-Darm-Erkrankungen.

› Giftiger Doppelgänger

Der **Weiße Germer S. 123** ist in allen Teilen giftig und sieht dem Enzian sehr ähnlich, solange beide Pflanzen noch nicht blühen. Der augenfälligste Unterschied ist die Anordnung der Blätter: Sie wachsen beim Weißen Germer schraubig um den Stängel herum, die Blattnerven verlaufen parallel und sind nicht verzweigt.

Wald-Erdbeere

Fragaria vesca **Rosengewächse**
H 10–20 cm Mai–Juni Staude

Merkmale Lange, oberirdische Ausläufer, wurzelnd. Grundständige Blätter lang gestielt, 3-teilig, Teilblätter 2–5 cm lang, verkehrt eiförmig, gezähnt, Endzahn nicht kleiner als die benachbarten Zähne, Unterseite heller und anliegend behaart. Blüten weiß, 1–1,5 cm, Haare der Blütenstielchen anliegend. Frucht eine rote, fleischige, süße Scheinbeere mit vielen Nüsschen, Kelchblätter zurückgeschlagen.
Fundort Waldränder, Hecken, sonnige Plätze.
Ernte und Verwendung Die jungen Blätter kommen früh aus der Erde und ergeben einen sehr schmackhaften Frühjahrstee, egal ob pur oder in einer Mischung mit anderen Frühjahrskräutern. Da sie auch Gerbstoffe enthalten, können Sie bei Hals-, Mund- und Rachenschmerzen mit diesem Tee gurgeln. Außerdem reinigt der Tee das Blut und hilft bei leichten Durchfällen. Wer sich im Frühsommer bei einem Spaziergang an den kleinen, wohl schmeckenden Früchten labt, sollte wissen, dass die wilden Vorfahren aller Gartenerdbeeren auch noch Heilwirkungen entfalten. Das ist bei den Zuchtformen meist verloren gegangen. Wald-Erdbeeren reinigen die Nieren und die Harnwege und unterstützen Gallenblase und Leber.

› Ungenießbarer Doppelgänger

Die Früchte der weiß blühenden Wald-Erdbeere werden manchmal mit den Früchten der **Indischen Scheinerdbeere S. 131** verwechselt, die erst seit wenigen Jahren bei uns wächst. Sie hat gelbe Blüten und breitet sich rasant aus. Isst man die Früchte, fühlt es sich an, als ob man in Styropor beißt. Doch sie sind völlig ungefährlich.

Gewöhnliche Esche

Fraxinus excelsior **Ölbaumgewächse**

H 25–40 m April–Mai Baum

Merkmale Borke grünlich grau, Knospen schwarz. Blüten in büscheligen Rispen, ohne Kelch und Krone, erscheinen vor den Blättern. Blätter gegenständig, gefiedert, mit 4–6 Fiederpaaren, Teilblätter lanzettlich, sitzend oder kurz gestielt. Früchte in hängenden Büscheln, einsamig, mit schmalovalen, propellerartig gedrehten Flügeln, 3–5 cm lang, 1 cm breit.

Fundort Feuchte Wälder, Auenwälder.

Ernte und Verwendung Rinde und Blätter enthalten Flavonoide, Cumarine, Bitter- und Gerbstoffe. Abkochungen aus beiden nehmen bei rheumatischen Erkrankungen die Schmerzen. Sie entsäuern den Körper, regen die Nieren an, schwemmen Ödeme aus, senken Fieber und reinigen das Blut. Besonders die jungen Blätter gelten als Radikalfänger. Sie enthalten außerdem Wachstumshormone, die die Lebenskraft steigern. Ein daraus angesetzter Tee oder Wein reinigt den Körper und bringt im Frühjahr frische Energie. Früher nutzte man den Saft aus frischer Rinde, weil er Wunden verschloss. Eschenholz federt ausgezeichnet und ist sehr strapazierfähig. Handwerker fertigten daraus Werkzeugstiele, Wagen und Achsen, Skier und sogar die ersten Flugzeuge.

> Giftiger Doppelgänger

Verwechslung von Eschen-Blättern und -Früchten mit denen des **Götterbaums S. 106** sind denkbar. Dessen Heimat ist zwar China, er wird aber bei uns gern in Parks angepflanzt und verwildert von dort aus. Ein Extrakt aus der Rinde führt zu drastischem Erbrechen und Durchfall mit Kopfschmerzen und kaltem Schweiß.

Fenchel

Foeniculum vulgare **Doldenblütler**

H 80–200 cm Juli–Aug. 1-jährig oder 2-jährig

Merkmale Duftet aromatisch. Stängel kahl, bläulich bereift, bildet am Grund eine Knolle. Blätter 3- bis 4-fach gefiedert, federartig, mit fadenförmigen Zipfeln. Blattscheiden 2–2,5 cm lang, kapuzenförmig ausgezogen. Keine Hüllblätter. Blüten klein, gelb. Frucht länglich eiförmig, mit breiten, stumpfen Rippen.

Fundort Unkrautfluren, Gärten, Wegränder.

Ernte und Verwendung Fenchel-Früchte enthalten 4–6% ätherisches Öl, außerdem fettes Öl, Eiweiß, Zucker und Phytosterole. Ein Tee aus den Samen löst Krämpfe in der Atemmuskulatur und im Darm. In der Lunge löst er zähen Schleim und nimmt die Entzündung. Bei Blähungen und Verdauungsstörungen ist er ein Universalheilmittel für Groß und Klein. Im Magen-Darm-Trakt beseitigt er Koliken und erleichtert Schluckauf. Er beseitigt Kopfschmerzen, die durch Verdauungsstörungen entstehen, und entspannt. Ein feucht-warmer Fenchel-Wickel stärkt die Leber in ihrer Entgiftungsfunktion. Bei entzündeter Bindehaut, geschwollenen Augenlidern oder ermüdeten Augen ist ein Augendampfbad mit Fenchel-Tee eine Wohltat. Kleine Wunden können Sie mit erkaltetem Tee desinfizieren.

> Ungenießbarer Doppelgänger

Eine Verwechslung mit **Pastinak S. 108** ist möglich, weil auch dieser Doldenblütler gelbe Blüten besitzt. Allerdings ist Pastinak nicht giftig, er enthält lediglich Furanocumarine, die bei empfindlichen Menschen Hautreaktionen hervorrufen können. Diese zeigen sich durch Rötung, Schwellung und Blasenbildung.

Gänse-Fingerkraut

Potentilla anserina **Rosengewächse**

H 10–30 cm Mai–Sept. Staude

Merkmale Stängel auf der ganzen Länge niederliegend, an den Knoten wurzelnd. Blätter unpaarig gefiedert, Unterseite silbrig behaart, Blättchen gezähnt, Zwischenblättchen klein, oft auf 1 Zahn reduziert. Blüten gelb, einzeln, auf bis zu 10 cm langen, aufrechten Stielen.

Fundort Wegränder, Gräben, Weiden.

Ernte und Verwendung Gerbstoffe, Bitterstoffe, Flavonoide und ein krampflösender Stoff sind verantwortlich für die entspannende Wirkung bei Blähungen und Krämpfen im Magen-Darm-Trakt. Egal, wo im Körper ein Krampf entsteht – ein Tee aus dem blühenden, frischen oder getrockneten Kraut löst ihn: Dem Kopf hilft er bei Migräne, der Brust bei krampfartigem Husten und Asthma, dem Bauch bei Gallenschmerzen und besonders bei Krämpfen während der Menstruation. Nächtliche Wadenkrämpfe und Muskelzuckungen bessern sich. Auch wenn sich die Gedanken an einem Thema »festgebissen« haben und die Konzentration zu wünschen übrig lässt, hilft dieser Tee. Die relativ kleine Wurzel enthält viel mehr Gerbstoffe als das Kraut. Der Tee daraus hilft bei Entzündungen im Mund, lockeren Zähnen, Halsschmerzen und bei Durchfall.

> Ungenießbarer und giftiger Doppelgänger

Die Blüten der **Indischen Scheinerdbeere S. 131** (s. Abb.) sind gelb und die rote Frucht kugelrund. Sie sind völlig ungefährlich und geschmacklos. Die Blätter – ohne Blüten – kann man mit den jungen Blättern des **Rainfarns S. 121** verwechseln. Diese sind stärker gefiedert, auf beiden Seiten dunkelgrün und nicht silbrig behaart.

Frauenmantel

Alchemilla xanthochlora **Rosengewächse**

H 10–50 cm Mai–Sept. Staude

Merkmale Wurzelstock ausdauernd. Grundblätter rund, unverkennbar tief gefaltet, 7–11 gezähnte Abschnitte, Oberseite mehr oder weniger kahl, Unterseite behaart, dennoch grün. Blüten unscheinbar, gelbgrün, gebündelt in verzweigten Blütenständen.
Fundort Wiesen, trockene Gräben höher gelegener Regionen nördlich der Alpen.
Ernte und Verwendung Selbst nach einer trockenen Sommernacht finden Sie am folgenden Morgen glitzernde Wassertröpfchen an jedem Zähnchen eines Frauenmantel-Blatts. Das sind keine Tautropfen, sondern Wasser, das die Pflanze aus der Erde aufgenommen und über feine Zellöffnungen an den Blatträndern wieder »ausgeschwitzt« hat (Guttation). Im Lauf des Vormittags laufen diese Tröpfchen in der Blattmitte zusammen. Im Mittelalter hat das besonders die Alchemisten fasziniert, von denen der botanische Name der Pflanze erzählt. Sie hätten zu gern dieser Pflanze das Geheimnis entlockt, wie sie aus dem »profanen« Wasser der dunklen Erde so diamantklares »Himmelswasser« macht. Darin sahen sie ein Sinnbild für den Weg des Menschen vom Alltagsbewusstsein zu einer höheren, spirituellen Perspektive. Für den weiblichen Hormonhaushalt ist der Frauenmantel von der Pubertät bis zu den Wechseljahren eine unentbehrliche Heilpflanze. Tee, Tinktur oder Essenz aus Blüten und Blättern verhelfen zu einem regelmäßigen Zyklus, entspannen die Krämpfe der Menstruation und nehmen die Schmerzen. Frauenmantel stillt zu starke Blutungen, begleitet Schwangerschaft, Geburt und Rückbildung und macht die Wechseljahre zu einer kraftvoll gelebten Zeit. Seine Gerbstoffe stillen auch äußere Blutungen, heilen Wunden, bremsen Durchfall und unterstützen den Körper bei der Ausscheidung von Schwermetallen.

Geißraute

Galega officinalis **Schmetterlingsblütler**

H 30–100 cm Juli–Sept. Staude

Merkmale Stängel hohl. Blätter unpaarig gefiedert, kurz gestielt, mit 5–8 Fiederblattpaaren, Teilblätter schmal lanzettlich, ganzrandig, mit stacheliger Spitze. Blüten hell-lila bis weiß, in Blattachseln sitzend, lockere, aufrechte Trauben, Fahne, Flügel und Schiffchen etwa gleich lang. Frucht aufrecht stehend, bis zu 3 cm lang, mit vielen flachen Samen.

Fundort Sumpfige Wiesen, Futterpflanze kultiviert und verwildert.

Ernte und Verwendung Ernten Sie die Pflanze zur Zeit der Blüte. Ihre Inhaltsstoffe – Saponine, Gerbstoffe, Flavone, Quercetin und das Alkaloid Galegin – sind dann reichlich vorhanden. Tee oder Tinktur aus dem Kraut der Geißraute unterstützen die Entgiftung des Körpers über Nieren und Haut. Die Pflanze ist in manchen Milchbildungstees enthalten und stärkt Mutter und Baby zugleich. Kraut und Samen dieser Heilpflanze waren früher – zusammen mit Bohnenschalen und Heidelbeer-Blättern – auch in Teemischungen gegen Altersdiabetes enthalten. Ein solcher Tee kann heute Tabletten oder Insulinspritzen nicht ersetzen, er kann lediglich zur Unterstützung der Therapie dienen.

> Giftiger Doppelgänger

Die **Bunte Kronwicke S. 132** ist eine Staude mit niederliegenden, hohlen, kantigen Stängeln und ebenfalls unpaarig gefiederten Blättern. Diese sind kleiner und zahlreicher als bei der Geißraute. Die Blüten sind rosa, die Spitze ihres Schiffchens ist violett. Jeweils 10–20 von ihnen bilden eine Kugel. Besonders die Samen sind giftig.

Giersch

Aegopodium podagraria **Doldenblütler**

H 50–100 cm Mai–Sept. Staude

Merkmale Pflanze kahl, mit tief in den Boden eindringenden Ausläufern. Stängel kantig. Untere Blätter 3-zählig oder doppelt gefiedert, Stängelblätter wechselständig, scheidig am Stängel sitzend. Blüten weiß, in zusammengesetzten Dolden ohne Hülle und Hüllchen. Frucht länglich eiförmig, Rippen fadenförmig.

Fundort Waldränder, Gebüsch, Gärten, fast überall.

Ernte und Verwendung Als eine der ersten Pflanzen treibt der Giersch im Frühjahr seine hell gelblich grün glänzenden Blätter aus der kalten Erde und kündet damit den Frühling an. Er ist ein guter, sehr gründlicher Bodendecker. Im Handumdrehen hat er sich im ganzen Garten breit gemacht und lässt keine Fläche unbedeckt. Dies ermöglichen ihm seine unzähligen weißen Wurzelausläufer. Giersch-Blätter machen jeden Salat zu einem belebenden Ereignis, bringen sie doch mit Kalium, Eisen, Mangan und anderen Mineralien und Vitaminen den gesamten Stoffwechsel in Schwung, unterstützen die Entsäuerung des Körpers und helfen, die Winterstarre aus den Gliedern zu vertreiben. Der Tee aus Blättern und Wurzeln wirkt harntreibend und leitet die Harnsäure aus.

> Giftige Doppelgänger

Giersch ist leicht mit mit dem **Hecken-Kälberkropf S. 108** (s. Abb.) zu verwechseln. Dieser hat jedoch einen borstig behaarten Stängel mit dunklen Flecken und 2-fach gefiederte Blätter und Teilblättchen mit gekerbtem Rand. Auch der **Gefleckte Schierling S. 109** und die **Hundspetersilie S. 109** sehen ähnlich aus.

Echte Goldrute

Solidago virgaurea **Korbblütler**

H 20–80 cm Juli–Okt. Staude

Merkmale Pflanze kahl oder kurz behaart, nur oben verzweigt. Blätter wechselständig, breit lanzettlich, grob gesägt bis fast ganzrandig, die unteren in einen geflügelten Stiel verschmälert. Blüten goldgelb, 10–15 mm, mit Zungen- und Röhrenblüten, in einer endständigen, aufrechten Rispe. Frucht mit 4 mm langem Pappus.

Fundort Lichte Wälder, Gebüsch, Gebirge.

Ernte und Verwendung Ernten Sie Goldrute zu Beginn der Blütezeit und verwenden etwa das obere Drittel der ganzen Pflanze zur Herstellung von Tee oder Tinktur. Die Pflanze wird wegen ihrer Heilwirkung auf Nieren, Blase und Harnwege sehr geschätzt. Mit ihren Flavonoiden (Quercetin, Rutin), Gerbstoffen, Saponinen, ätherischen Ölen und Phenolglykosiden regt die Goldrute die Nierentätigkeit an, ohne die Nieren zu reizen. Sie spült sie sanft durch und beseitigt dabei nicht nur Schmerzen und Krämpfe, sondern entfernt auch Entzündungsstoffe und sogar Nierengrieß und Nierensteine. 2–3 L Tee sollten Sie davon pro Tag trinken. Häufig erspart das die Einnahme eines Antibiotikums oder hilft nach einer Behandlung mit Antibiotika, das Immunsystem wieder aufzubauen.

> Giftiger Doppelgänger

Das **Jakobs-Greiskraut S. 119** hat ebenfalls gelbe Korbblüten, die aber doldenähnlich am Ende des Stängels stehen und mehr Zungenblüten besitzen. Am besten können Sie beide Pflanzen an den Blättern unterscheiden. Die des Jakobs-Greiskrauts sind breiter, stark gefiedert und besitzen einen großen Endlappen.

Kanadische Goldrute

Solidago canadensis **Korbblütler**
H 50–200 cm Juli–Okt. Staude

Merkmale Stängel hart, behaart, unverzweigt, besonders oben flaumig behaart. Blätter sitzend, schmal lanzettlich, gesägt, unterseits behaart. Blütenstand rispig, goldgelb, Zungenblüten etwa gleich lang (3–5 mm) wie die zahlreichen Röhrenblüten, in endständiger, einseitswendig geschwungener Rispe. Vermehrt sich über unzählige Samen und unterirdische Ausläufer.
Fundort Brachland, Unkrautfluren, Bahndämme.
Ernte und Verwendung Die Kanadische Goldrute ist fast immer doppelt so groß wie die Echte Goldrute. Ihre Blüten sind wesentlich kleiner und im Spätsommer verwandelt sie die Landschaft in ein leuchtend gelbes Blütenmeer. Vor einigen Jahrhunderten kam sie per Schiff nach Europa und fühlt sich bei uns so wohl, dass manche sie sogar für ein Unkraut halten. Man verwendet das Kraut kurz vor der Blüte für Tee, Tinktur oder Wein. Ihre Wirkung auf Nieren, Blase und Harnwege ist der der Echten Goldrute gleichwertig. Beide aktivieren auch die Entschlackung über die Lymphe und helfen bei Ekzemen. Beim Gurgeln mit Tee lassen sie Mundsoor, Wunden und Entzündungen in Mund und Rachen heilen.

› Giftiger Doppelgänger

Wenn Sie von Weitem gelbe Blüten entdecken, könnten Sie die Blüten des **Rainfarns S. 121** für Goldruten-Blüten halten. Aus der Nähe erkennen Sie die knopfartigen Blüten an der kleineren Pflanze und die stark gefiederten Blätter. Obendrein riecht Rainfarn beim Zerreiben muffig. Dieser Geruch vertreibt auch Ungeziefer.

Gundelrebe

Glechoma hederacea **Lippenblütler**

H 10–40 cm April–Juni Staude

Merkmale Lange, kriechende, an den Knoten wurzelnde Stängel, richten sich in der Blütenregion auf. Blätter gegenständig, gestielt, rundlich, grob und stumpf gezähnt, glänzend. Blüten blauviolett, zu 1–3 in den Achseln der oberen Blätter, Oberlippe flach, Unterlippe 3-teilig.

Fundort Wiesen, Wegränder, Mauern.

Ernte und Verwendung Die Pflanze enthält Saponine, Vitamin C, ätherisches Öl, Bitterstoffe, Gerbstoffe sowie verschiedene Mineralien (wie Kalium). Sie ist am wirksamsten, wenn Sie sie frisch verwenden. Auch ein Tee aus dem frischen Kraut schmeckt besser als aus getrocknetem. Gundelrebe pflegt alle Schleimhäute, hilft bei Bronchitis und Erkältungskrankheiten und besänftigt Ohrenschmerzen. Sie reinigt den ganzen Körper, kurbelt die Entschlackung und Entgiftung über die Lymphe an und hilft, Schwermetalle, vor allem Blei, auszuscheiden. Wer mit dem Tee den Mund spült und gurgelt, pflegt sein Zahnfleisch und beseitigt Entzündungen. Wenn nach langwierigen Krankheiten das Vertrauen in die Selbstheilungskräfte verloren gegangen ist, stellt die Gundelrebe es wieder her. In alten Zeiten wurde zur Walpurgisnacht aus ihr Bier gebraut.

› Giftiger Doppelgänger

Der botanische Name verrät die Ähnlichkeit der Blätter der Gundelrebe mit denen des **Efeus S. 110.** *Hederacea* bedeutet *efeuähnlich.* Vielleicht sind es auch die Ausläufer, mit denen sich die Gundelrebe nach der Blüte ähnlich wie der Efeu den Waldboden erobert. Efeu-Blätter sind aber sehr viel ledriger und fester.

Heidekraut

Calluna vulgaris **Heidekrautgewächse**

H 10–50 cm Aug.–Okt. Strauch

Merkmale Reich verzweigter, kleiner Strauch, wird bis zu 45 Jahre alt. Blätter immergrün, 1–3 mm lang, 4-zeilig angeordnet, sich dachziegelartig überdeckend. Blütenstand traubig, dicht- und vielblütig, Blüten 4-zählig, rosa bis violettrot, von einem grünvioletten Außenkelch umgeben. Frucht eine kugelige, etwa 2 mm dicke Kapsel.

Fundort Zwergstrauchheiden, Moore, magere Weiden.

Ernte und Verwendung Wenn Sie sich einen Tee-Vorrat zulegen wollen, pflücken Sie die blühenden Spitzen junger Zweige und trocknen sie im Schatten. Sebastian Kneipp schätzte Heidekraut sehr, weil der Tee den Körper entwässert und eine effektive, blutreinigende Wirkung entfaltet. Die Pflanze steckt voller Enzyme, Gerbstoffe, Flavonoide, Saponine, Calcium, Kieselsäure und andere Mineralstoffe. Besonders bei Blasenreizungen und Entzündungen der Harnwege entwickeln desinfizierendes Arbutin und Hydrochinon ihre Wirkung und hemmen das Wachstum von Bakterien. Bei der gutartigen Vergrößerung der Prostata verbessert Heidekraut die lästigen Symptome. Ein Bad in den Blüten lindert die Schmerzen in rheumatischen Gelenken. Kombiniert mit dem Kraut der Goldrute oder Birken-Blättern entsteht ein kraftvoller Tee als Hilfe bei Nieren- und Blasensteinen. Heidekraut-Tee, mit wenig Honig gesüßt und vor dem Schlafengehen getrunken, entspannt und fördert das Einschlafen. Wer Probleme mit Ekzemen und juckender Haut hat, kann die Haut mit dem Tee waschen oder Umschläge machen. Das beruhigt den Juckreiz und regt den Hautstoffwechsel sanft an. Edward Bach fertigte aus den Blüten die Essenz *Heather*. Diese Tropfen schenken die Wärme der Heidelandschaft und bereiten so den Boden für Hilfsbereitschaft und Einfühlungsvermögen.

Heidelbeere

Vaccinium myrtillus **Heidekrautgewächse**

H 20–50 cm April–Juni Strauch

Merkmale Junge Zweige grün, mit geflügelten Kanten. Blätter im Sommer grün, im Herbst rot, eilanzettlich, 1–3 cm lang, mit fein gesägtem Rand, Unterseite heller grün, kahl. Blüten einzeln in den Blattwinkeln, Krone kugelig, grünlich bis blassrot, mit 4–5 zurückgeschlagenen Zipfeln. Frucht blau, bereift, kugelig, 5–8 mm, Fleisch und Saft dunkel.

Fundort Wälder, Heiden, Moore.

Ernte und Verwendung Wer beim Pflücken zu viele Heidelbeeren nascht, wird merken, dass sie die Darmtätigkeit anregen. Beteiligt daran sind ihre vielen Fruchtsäuren. Getrocknete Beeren hingegen enthalten mehr Gerbstoffe und Pektine und stoppen den Durchfall. Beide wirken als Radikalfänger, binden Schwermetalle im Körper und helfen, sie auszuscheiden. Die dunklen Pflanzenfarbstoffe, die Anthozyane, unterstützen die Blutbildung, das nächtliche Sehvermögen und das Immunsystem. Wer unter häufigen Blasenentzündungen leidet, sollte regelmäßig Heidelbeer-Saft trinken, er verhindert das Anhaften der Bakterien an der Blasenwand. Auch bei entzündetem Zahnfleisch hilft das Kauen von Heidelbeeren oder das Spülen und Gurgeln mit dem Saft.

› Ungenießbarer und giftiger Doppelgänger

Die Beeren der **Rauschbeere S. 117** (s. Abb.) sind schwer zu unterscheiden. Die Sträucher sind gleich groß, die Zweige der Rauschbeere jedoch verholzt und braun. Das Fleisch der reifen Beeren ist weiß und geschmacklos. Auch die Verwechslung mit den giftigen Beeren des **Schwarzen Nachtschattens S. 128** ist denkbar.

Hirschzunge

Phyllitis scolopendrium **Streifenfarngewächse**

H 15–50 cm Juni–Aug. Staude

Merkmale Blätter in Rosetten, meist kurz gestielt, länglich lanzettlich, ungeteilt, fast ganzrandig, am Grund herzförmig. Sporenhäufchen an der Unterseite strichartig in regelmäßigen Streifen angeordnet, schräg nach vorn gerichtet. Die Pflanze steht unter Naturschutz.

Fundort Schattige, feuchte Wälder, Schluchten.

Ernte und Verwendung Durch seine ganzrandigen Blattwedel ist der Hirschzungenfarn leicht von allen anderen heimischen Farnen zu unterscheiden. Die Blätter enthalten Gerbstoffe, Flavonoide und Schleimstoffe. Die alte Volksheilkunde verwendete Tee oder Tinktur aus den Blättern bei Milz-, Leber- und Blasenstörungen. Äußerlich halfen Umschläge und Kompressen bei Verbrennungen der Haut. Berühmt ist das Hirschzungenelixier nach Hildegard von Bingen. Es wird noch heute nach ihrem Rezept hergestellt und zusammen mit Zimt, Pfeffer, Honig und Wein aufgekocht. Dieses Elixier unterstützt die Tätigkeit der Lymphe und hilft bei der Entgiftung des Körpers. »Es nützt der Leber und reinigt die Lunge und heilt die schmerzenden Eingeweide.«, so Hildegard von Bingen. Besonders bei Problemen der Lunge stärkt es die Abwehrkräfte des Körpers und löst Schleim und Krämpfe bei Husten, Asthma und Bronchitis. Auch bei Beschwerden der Wechseljahre erleichtert es die Hormonumstellung. Ebenfalls auf Hildegard von Bingen geht die Anwendung von pulverisierten Hirschzungen-Blättern zurück. Sie schreibt: »Es nimmt den Schmerz im Kopf und in der Brust und dämpft andere Schmerzen, die in deinem Körper sind.« In der anthroposophisch erweiterten Medizin wird der Hirschzungenfarn heute noch bei Störungen der Verdauungstätigkeit verwendet.

Hirtentäschelkraut

Capsella bursa-pastoris **Kreuzblütengewächse**

H 5-40 cm Jan.–Dez. Staude

Merkmale Blätter in grundständiger Rosette, gestielt, ungeteilt bis fiederteilig, buchtig gezähnt, erinnern an jungen Löwenzahn. Stängelblätter lanzettlich, ganzrandig, obere Blätter stängelumfassend. Blüten in lockerer Traube, Blütenblätter weiß, 2–3 mm lang. Schötchen herzförmig, flach, 0,4–0,7 mm lang und breit, Stiele fast waagerecht abstehend, Fruchtstand stark verlängert.

Fundort Ackerränder, Wegränder, Schuttplätze.

Ernte und Verwendung Für viele ist die Pflanze einfach ein Unkraut. Das ganze Jahr über wächst und blüht sie und trägt auch ihre kleinen Früchte. Diese sehen aus wie jene Taschen, die früher die Hirten über ihren Stab schnallten. Die Form der Früchte macht das Hirtentäschelkraut unverwechselbar. Es stellt keine Ansprüche an den Boden und braucht nur Licht und Sonne. Die jungen Blätter bringen eine pfeffrige Würze in Frühlingssalat, Kräuterquark oder Frühlingssuppe. Die Früchte schmecken sehr lecker nach grünen Nüssen. Tee oder Tinktur aus getrocknetem Hirtentäschelkraut stillt Blutungen. Ernten Sie das Kraut zwischen Mai und Juli und trocknen Sie es im Schatten. Inhaltsstoffe wie Acetylcholin, Cholin, Tyramin, Diosmin, Histamin, Flavonglykoside und Gerbstoffe sind für die blutstillende und gefäßverengende Wirkung verantwortlich. Das Kraut hat sich bei Nasenbluten, Zahnextraktionen, Hautverletzungen und blutenden Hämorrhoiden bewährt, auch bei zu häufigen und zu langen Menstruationsblutungen, Zwischenblutungen und heftigen Blutungen in den Wechseljahren. Bei Endometriose wirkt es unterstützend. Bei leichten Blutdruckschwankungen älterer Menschen gleicht es den leicht erhöhten und auch den etwas zu niedrigen Blutdruck aus.

Hopfen

Humulus lupulus **Hanfgewächse**

H 3–8 m Juli–Aug. Staude

Merkmale Zweihäusig, rechtswindend, klettert mit Klimmhaaren. Blätter gegenständig an langen Stielen, rau behaart, tief 3- bis 5-lappig, grob gesägt. Blüten grün, männliche in verzweigten Büscheln (s. Abb. rechts), weibliche in zapfenartigen Blütenständen, mit hüllblattartigem, hellgrünem Blumenblatt.
Fundort Hecken, Waldränder, Ufer.
Ernte und Verwendung Das ätherische Öl beruhigt bei Unruhe, Angstzuständen und nervösen Herzbeschwerden. Aktuelle Untersuchungen bestätigen eine beruhigende Wirkung bei ADHS (Aufmerksamkeitsdefizit-Hyperaktivitätsyndrom). Hopfen enthält hormonähnliche Stoffe mit östrogenartiger Wirkung. Tee oder Tinktur aus den Zapfen entspannt bei Menstruationsschmerzen, gleicht in den Wechseljahren die nachlassende Östrogenproduktion aus und macht Lust auf Liebe. Für Männer ist Hopfen eher ein Liebestöter. Wohl deshalb waren Mönche die ersten Bierbrauer. Die Bitterstoffe (mit Humulon und Lupulon) bringen Würze in das Bier und regen den Appetit an. Die Gerbstoffe klären es und fällen Eiweiße aus. Hopfenharze hemmen die Entwicklung von Milchsäurebakterien, die Haltbarkeit und Güte des Biers beeinträchtigen könnten.

> Giftiger Doppelgänger

Auch die **Zweihäusige Zaunrübe S. 122** windet sich an allem hoch. Die Blätter sind kleiner, herzförmig und bis tief in die Mitte geteilt, die kleinen Blüten weiß. Die Beeren sind rot oder – bei der Weißen Zaunrübe – schwarz. Beeren und Wurzeln verursachen Schwindel, Erbrechen, Koliken und blutigen Durchfall.

Echtes Johanniskraut

Hypericum perforatum **Johanniskrautgewächse**

H 30–70 cm Juni–Aug. Staude

Merkmale Stängel mit 2 Längskanten. Blätter gegenständig, 1–2 cm lang, oval mit durchscheinenden Öldrüsen. Blüten gelb in vielblütigen Rispen, Kelchblätter fein zugespitzt, ganzrandig, Kronblätter 3- bis 4-mal so lang wie Kelch, asymmetrisch, besonders am Rand mit schwarzen Punkten.
Fundort Weg- und Waldränder, Magerrasen.
Ernte und Verwendung Ernten Sie die Pflanze am besten kurz nach der Blüte. Sie enthält dann die meisten Wirkstoffe. Die Öldrüsen erkennen Sie, wenn Sie Blüten und Blätter gegen das Licht halten. Sie bergen »eingefangenen Sonnenschein«. Tee, Tinktur oder Öl aus den Blättern und Blüten hellt die Stimmung auf und vertreibt Depressionen. Dabei sind Extrakte aus der Pflanze besser verträglich und genauso wirksam wie synthetische Präparate. Auch bei Alkoholabhängigkeit ist es erfolgreich. Nervenschmerzen, Spannungskopfschmerz, Erschöpfungszustände bessern sich. Der isolierte Farbstoff Hypericin, der auch für die rote Färbung des Öls verantwortlich ist, beugt der Altersdemenz vor. Das Öl beschleunigt die Heilung von Wunden und Narben, hilft bei Sportverletzungen und regeneriert die Haut bei Neurodermitis.

> Giftiger Doppelgänger

Zur gleichen Zeit blüht das **Jakobs-Greiskraut S. 119**, das Leberschäden und Krebs verursachen kann. Es gehört zur Familie der Korbblütler und seine Blüte sieht rund wie eine kleine Sonne mit vielen Strahlen aus. Die Blätter sind sehr viel größer, stark gefiedert und nicht getüpfelt, weil sie keine Öldrüsen besitzen.

Echte Kamille

Matricaria chamomilla (früher *M. recutita*) **Korbblütler**

H 10–40 cm Mai–Aug. 1-jährig

Merkmale Stängel meist aufrecht, reich verzweigt. Blätter mehrfach fein gefiedert. Blütenköpfchen 10–25 mm breit, kegelig, Blütenboden hohl, Zungenblüten weiß, Röhrenblüten goldgelb. Duften beim Zerreiben.
Fundort Äcker, kalkarme Lehmböden, Brachen.
Ernte und Verwendung Sammeln Sie die jungen Blüten bei vollem Sonnenschein. Wenn etwa die Hälfte aller Blüten geöffnet ist, ist die beste Erntezeit. Es ist das ätherische Öl mit Chamazulen und Bisabolol, das für die Wirkung der Kamille als Allheilmittel verantwortlich ist. Es ist himmelblau, heißt »Azulen« und macht Bakterien und Viren unschädlich. Es wird durch Wasserdampfdestillation gewonnen. Naturkosmetiker halten die Kamille für eine der vielseitigsten und wertvollsten Pflanzen, um Schönheit und Gesundheit zu vereinigen. Sie regeneriert die Haut und beseitigt Mitesser und Pickel. Tee oder Tinktur aus den Blüten helfen bei Erkältungskrankheiten, Nebenhöhlenentzündungen, Entzündungen der Schleimhäute im ganzen Körper, auch von Nieren- und Blase, Magen und Darm. Nach neuesten Forschungen stärkt sie bei Angstzuständen die Zuversicht.

> Ungenießbarer Doppelgänger

Die Blüte des **Mutterkrauts S. 120** sieht ähnlich aus. Beide gehören zur Pflanzenfamilie der Korbblütler, jedoch stehen beim Mutterkraut Zungen- und Röhrenblüten in einer Ebene, bei der Kamille sind die weißen Zungenblüten nach unten abgesenkt. Obendrein ist der Geruch sehr viel muffiger als bei der Kamille.

Kapuzinerkresse

Tropaeolum majus **Kapuzinerkressengewächse**

H kriechend bis zu 300 cm Juni–Okt. 1-jährig

Merkmale Stängel fleischig, kahl. Blätter wechselständig, lang gestielt, kreisrund, schildförmig. Blüten helmförmig, 5-lappig, gelborange und rot, 4–7 cm, mit gekrümmtem Sporn, Kelchblätter verwachsen. Samen gerillt, 3 rundliche Teilfrüchte, zur Reife gelb braun, runzelig.

Fundort Kultiviert.

Ernte und Verwendung Die Kapuzinerkresse kriecht auf dem Boden und ist ein sehr bunter Bodendecker. Mithilfe langer, windender Blattstiele klettert sie auch, lieber aber lässt sie sich hängen – in Balkonkästen zum Beispiel. Blätter und Blüten wirken wie ein »pflanzliches Antibiotikum«, das die natürliche Darmflora erhält. Es sind Senfölglykoside und viel Vitamin C, die Bakterien, Viren und Pilze in ihrem Wachstum hemmen und das körpereigene Abwehrsystem anregen. Senföle werden im Körper über die Nieren und Atemwege ausgeschieden, genau dort entfalten sie ihre Wirkung. Kapuzinerkresse hilft bei allen Entzündungen. Ihr Spezialgebiet sind Entzündungen von Blase, Niere und Harnwegen. Aber auch bei Bronchitis, Grippe und Mandelentzündungen hilft sie. Ist der Verdauungstrakt von Darmpilzen *(Candida albicans)* befallen, saniert die Pflanze die Darmflora. Weder Blätter noch Blüten eignen sich zum Trocknen, ein Großteil der Wirkstoffe geht dabei verloren. Essen Sie deshalb im Sommer frische Blätter und Blüten oder bereiten Sie eine Tinktur oder einen schmackhaften Essig daraus. Verwenden Sie auch die frischen Samen. Bei akuten Infektionen essen Sie alle 2–3 Stunden etwa 5 Blätter und Blüten frisch – zur besseren Verträglichkeit lieber nicht auf nüchternen Magen, es könnte zu Irritationen der Schleimhaut kommen. In der Apotheke gibt es auch Fertigpräparate.

Wilde Karde

Dipsacus sylvester **Kardengewächse**

H 80–200 cm Juli–Aug. 2-jährig

Merkmale Pflanze stattlich, kahl, alle Teile spitz-stachelig. Grundblätter lanzettlich, in Rosette, gezähnt, bis zu 30 cm lang, Stängelblätter schmaler, gegenständig, zum Teil ganzrandig, an der Basis paarweise tütenförmig verwachsen. Blütenstand walzenförmig, 3–8 cm hoch, Blüten rosa-violett, von der Mitte aus aufblühend, Einzelblüte von stechenden Spreublättern überragt – bei der Weberkarte *(D. fullonum)* mit Widerhaken. Frucht etwa 5 mm lang, gefurcht.
Fundort Straßenböschungen, Dämme, Brachen.
Ernte und Verwendung Für eine kräftige Tinktur sammeln Sie die Blüten und übergießen sie mit 40%igem Alkohol. Geben Sie die Samen dazu, sobald sie reif sind. Im folgenden Herbst graben Sie die Wurzel einer 1-jährigen Pflanze. Sie erkennen sie an der grundständigen Blattrosette, die noch keinen Blütenstiel getrieben hat. Säubern und zerschneiden Sie die Wurzel und geben Sie sie ebenfalls in die Tinktur. Nach etwa 4 Wochen filtrieren Sie alles ab und bewahren es in einem braunen Glas auf. Sie können auch gut eine Tinktur nur aus den Wurzeln zubereiten. Wenn Sie sich im nächsten Frühjahr oder Sommer vor Zeckenbissen schützen möchten, nehmen Sie vor dem Spaziergang etwa 5 Tropfen ein und reiben die unbedeckte Haut mit der Tinktur ein. Entdecken Sie dennoch eine Zecke an Ihrem Körper, entfernen Sie diese sachgerecht (Zeckenzange), desinfizieren den Biss mit der Tinktur und nehmen bis zu 20 Tropfen ein. Das können Sie zur Sicherheit 2–3 Tage wiederholen. Meist ist damit einer Infektion Einhalt geboten. Auch wenn Borreliose diagnostiziert wurde, ist die Tinktur aus Karde sehr wirksam. Ein Tee aus der Wurzel hilft auch bei Virusinfektionen, beispielsweise gegen das Herpesvirus.

Wiesen-Kerbel

Anthriscus sylvestris **Doldenblütler**

H 60–100 cm April–Juni Staude

Merkmale Stängel hohl, kantig gefurcht, ohne rote Flecken, unter den Blättern nicht verdickt, an der Basis rau behaart, oben glatt. Rübenartige Pfahlwurzel. Blätter 2- bis 3-fach gefiedert. Blüten duften anisähnlich, Dolde 8- bis 16-strahlig, Hülle fehlend, 4–8 Hüllchenblätter, bewimpert, in eine Spitze ausgezogen. Kronblätter weiß, nicht bewimpert. Frucht kahl, 6–10 mm lang, meist länger als ihr Stiel.

Fundort Wiesen, Wald- und Straßenränder.

Ernte und Verwendung Junge Kerbel-Blätter kommen im Frühjahr als eine der ersten aus dem Boden. Sie sind sehr zart, schmecken ein bisschen wie Petersilie und enthalten reichlich Vitamin C (180 mg/100 g), ätherisches Öl, Bitterstoffe und vor allem Kalium. Kerbel bringt Energie in den Körper und regt die Ausscheidung über die Nieren an – ideal zur Blutreinigung. Er verliert beim Trocknen sein Aroma, verwenden Sie ihn also immer frisch oder eingefroren. Am besten sind die Blätter, wenn sie fast noch gelblich und leicht zusammengerollt sind. Sie schmecken in Salaten und Kräuterquark und passen in die Grüne Soße. Kochen Sie Kerbel niemals mit, sondern geben Sie ihn zum Schluss hinzu, er verliert sonst seine Farbe.

› Giftige Doppelgänger

Junger Kerbel ist mit **Geflecktem Schierling S. 109** (s. Abb.), **Hundspetersilie S. 109** und **Hecken-Kälberkropf S. 108** zu verwechseln. Alle 3 riechen gegenüber dem Wiesen-Kerbel sehr unangenehm. Um jedes Risiko der Verwechslung zu vermeiden, säen Sie lieber Garten-Kerbel aus – er gedeiht auch im Balkonkasten gut.

Rot-Klee

Trifolium pratense **Schmetterlingsblütler**

H 10–40 cm Mai–Okt. Staude

Merkmale Formenreiche Art. Stängel aufsteigend oder aufrecht. Grundständige Blattrosette. Blätter lang gestielt, 3-zählig mit ovalen Fiedern. Nebenblätter scharf zugespitzt. Blüten kugelig, rosa bis purpurn, ungestielt, in 2–3 cm breiten Köpfchen.
Fundort Wiesen, Weiden, Wegränder.
Ernte und Verwendung Auch heute noch lutschen Kinder voller Vergnügen junge, süße Blüten des Rot-Klees aus. Die Blüten passen in Salat oder auf das Müsli – als Dekoration zum Mitessen. Ein Tee aus der blühenden Pflanze schmeckt nicht nur gut, er enthält unter anderem auch Isoflavone. Das sind pflanzliche Substanzen, die im Körper wie Östrogene wirken, bekannt als Phytoöstrogene. Sie gleichen die Hormonschwankungen beim Praemenstruellen Syndrom aus und sorgen für mehr inneres Gleichgewicht in dieser Zeit. Die Isoflavone aus dem Rot-Klee – auch die aus dem Weiß-Klee *(T. repens)* – sind für uns Westeuropäer leichter zu verdauen und zu verwerten als jene aus asiatischem Soja. Dieser führt oft zu Verdauungsstörungen, weil uns die abbauenden Enzyme für Soja fehlen. Ein weiteres Anwendungsgebiet für den Rot-Klee sind die Wechseljahre. Wenn der Körper allmählich weniger Östrogene produziert, kann die Pflanze dies mit ihren Phytoöstrogenen ausgleichen. Gleichzeitig erhalten sie auch die Feuchtigkeit von Haut und Schleimhaut. Übrigens wird aus diesem Grund Rot-Klee gern in Kosmetika verarbeitet. Und er kann noch viel mehr: Er reinigt Blut und Lymphe und trägt so dazu bei, dass sich Hauterkrankungen, Ekzeme oder Psoriasis bessern. Er macht reaktive Radikale unschädlich und schützt den Körper vor Krebserkrankungen. Außerdem senkt er den Cholesterin- und Triglyzeridspiegel bei Herzkreislauferkrankungen und Arteriosklerose.

Große Klette

Arctium lappa **Korbblütler**

H 80–150 cm Juli–Sept. 2 jährig

Merkmale Prachtvolle Pflanze. Wurzel fleischig, maximal 50 cm lang, Stängel stark verzweigt, rinnig gefurcht, mit Mark gefüllt. Blätter bis zu 80 cm lang, breit herz-eiförmig, Unterseite graugrün, gestielt, Blattstiele ebenfalls mit Mark gefüllt. Blütenköpfe kugelig, nur aus rotvioletten Röhrenblüten, lang gestielt, in doldiger Rispe, Hüllblätter grün, meist hakig gekrümmt. Früchte bis zu 8 mm lang, mit gelblichem Pappus.
Fundort Wegränder, Ödland, Ufer.
Ernte und Verwendung Ernten Sie die jungen Blätter und Stängel im Frühjahr, die Samen im Herbst und graben Sie die bis zu 1 m lange Pfahlwurzel ab November. Tee und Tinktur aus der Pflanze reinigen Lymphe und Blut, indem sie Nieren, Leber und Galle aktivieren. Die Klette bringt den Körper wieder in einen gesunden, integrierten Zustand und beseitigt Ekzeme, Akne, trockene Haut und Schuppen. Sie hilft bei Rheuma und bessert Schmerzen in den Hüften. Bei Belastungen des Körpers mit Holzschutzmitteln, Lacken oder Lösungsmitteln unterstützt sie deren Ausscheidung. Ein Tee aus den Blättern hilft bei Magengeschwüren und bessert die Verdauung. Gurgeln mit dem Tee beseitigt Bläschen im Mund.

> Giftige Doppelgänger

Bei der Ernte im Frühjahr sind junge Blätter der Klette mit denen der **Tollkirsche S. 128** (s. Abb.) leicht zu verwechseln. Deren Blätter sind jedoch kleiner und eiförmig zugespitzt. Die Blätter der **Gewöhnlichen Pestwurz S. 120** sind noch größer, sehr viel breiter und am Rand grob gezähnt. Sie enthalten giftige Pyrrolizidin-Alkaloide.

Großblütige Königskerze

Verbascum densiflorum **Rachenblütler**

H 50–200 cm Juli–Okt. 2-jährig

Merkmale Pflanze dicht wollig behaart. Blätter im 1. Jahr in Grundrosette. Stängel geflügelt, manchmal verzweigt. Blätter wechselständig, meist sitzend und bis zum nächsten unteren Blatt herablaufend. Blüten am Ende des Stängels in Scheinähren, 30–55 mm groß, am Grunde verwachsen, mit 5 Zipfeln, 3 kurzen, wolligen und 2 langen, kahlen Staubblättern, leuchtend gelb. Frucht ist eine Kapsel.

Fundort Brachflächen, Wegränder, Bahndämme.

Ernte und Verwendung Ernten Sie die Blüten bei trockenem und schönem Wetter, nur dann schimmelt sie bei der Lagerung nicht. Sie können die Blüten von allen Königskerzen-Arten verwenden. Sie ergeben in Erkältungszeiten einen wunderbaren Tee gegen die Gefahr der Ansteckung. Mit ihren Schleimstoffen schützen die gelben Blüten die gereizten Schleimhäute vor Viren und Bakterien. Im Fall einer Infektion beseitigt die Pflanze Heiserkeit, Reizhusten, Bronchialerkrankungen und sogar eine Virusgrippe. Obendrein stärkt sie die Leber bei der Entgiftung und die Milz in ihrer Abwehrfunktion. Bei Allergien besänftigt sie das übererregte Immunsystem.

> Giftiger Doppelgänger

Die junge, grundständige Blattrosette, die im Frühjahr frisch aus der Erde kommt, wurde schon mit der jungen, ebenfalls grundständigen Blattrosette des **Roten Fingerhuts S. 130** verwechselt – manchmal mit tödlichen Folgen. Sobald die beiden Pflanzen blühen, sind sie jedoch nicht mehr zu verwechseln.

Kornblume

Centaurea cyanus **Korbblütler**

H 20–70 cm Juni–Okt. 1-jährig

Merkmale Pflanze weißfilzig. Untere Blätter gestielt, fiederspaltig, zur Blütezeit meist vertrocknet, obere lanzettlich, nicht herablaufend. Blütenköpfe einzeln, Hülle 1–1,5 cm, Hüllbätter grün, mit schwarzem Anhängsel, Randblüten vergrößert, blau. Früchte mit Pappus.

Fundort Getreidefelder.

Ernte und Verwendung Die Kornblume ist selten geworden auf unseren Äckern. Früher schmückte sie zusammen mit Klatsch-Mohn und Kamille die Getreidefelder. Die Bauern sahen ihr Getreide dadurch verunreinigt und düngten und spritzten sie weg. Ihre Samen aber überleben keimbereit im Boden und warten nur auf eine günstige Gelegenheit, wieder zu wachsen. Die blauen Blüten bringen Farbe in jede Teemischung. Früher wurde sie gern in Tees für Magen, Leber und Galle gemischt, weil sie die Wirkung der anderen Pflanzen mit ihren Bitterstoffen unterstützt. Eine Abkochung aus den Blüten hilft bei geschwollenen, überanspruchten Augen und bei Entzündungen der Bindehaut. Kornblumen sind auch in reinigenden Gesichtswassern zu finden. Sie desinfizieren die Akne und beruhigen die entzündete und gereizte Haut.

> Giftiger Doppelgänger

Ebenso schön blau sind die Blüten des **Acker-Rittersporns S. 115**. Die Blüten selbst sind nicht giftig, aber Blätter und Samen enthalten herzwirksame Alkaloide, die Herzrhythmusstörungen und Übelkeit hervorrufen können. Die Blüten des Acker-Rittersporns sind an ihrem langen Blütensporn zu erkennen.

Wiesen-Kümmel

Carum carvi **Doldenblütler**

H 30–80 cm Mai–Sept. 2-jährig

Merkmale Stängel ästig, kahl, aufrecht, sparrig verzweigt. Blätter 2- bis 3-fach gefiedert, das unterste Fiederblattpaar ist kreuzweise angeordnet (»Kümmelkreuz«). Dolden mit weißen und rosa Blüten, meist ohne Hülle und Hüllchen. Samen dunkelbraun, sichelförmig, mit 5 hellen Rippen.
Fundort Wiesen und Weiden, Wegränder.
Ernte und Verwendung Kümmel ist das beste pflanzliche Mittel gegen Blähungen und Magen-Darm-Krämpfe. Tee oder Tinktur aus den Samen beruhigt den gereizten oder nervösen Magen und regt die Magensaftproduktion an, sodass die Nahrung besser verdaut wird. Kümmel unterstützt Leber- und Gallenfunktion und beseitigt ein unangenehmes Völlegefühl nach dem Essen. Im Darm wirkt er antibakteriell, verhindert Blähungen und vertreibt Darmpilze. Nach einer Behandlung mit Antibiotika hilft er, die Darmflora wieder aufzubauen. Kümmel löst Krämpfe – im Darm bei Koliken, im Kopf bei Migräne und in der Brust bei asthmatischem Husten. In der Stillzeit fördert er die Milchbildung und sorgt dafür, dass Babys die Milch ohne Bauchweh verdauen. Ein altes Hausmittel ist Kümmel-Tee für junge Mädchen mit schmerzhafter Periode.

> Giftiger Doppelgänger

Die Blätter der **Hundspetersilie S. 109** sind ähnlich fein, glänzen aber an der Unterseite stark und vor allen Dingen fehlt ihnen das »Kümmelkreuz«, das unterste Paar der Fiederblättchen, das direkt am Stängel kreuzweise angeordnet ist. Außerdem riecht Hundspetersilie unangenehm und hat kugelige Früchte.

Echtes Labkraut

Galium verum **Rötegewächse**

H 20–70 cm Juli–Sept. Staude

Merkmale Stängel aufsteigend oder aufrecht, kurz behaart. Mittlere Blätter höchstens 1 mm breit, bis zu 8–12 im Quirl stehend, schmal lineal, stachelspitzig, Ränder umgerollt, glänzend. Blütenstand dicht, die längsten Teilblütenstände länger als die Stängelglieder. Blüten goldgelb, nach Honig duftend, Krone mit spitzen Zipfeln, Durchmesser 2–4 mm. Früchte klein, meist kahl.
Fundort Trockene Wiesen, Weg- und Waldränder.
Ernte und Verwendung Ernten Sie das Kraut, wenn es voll aufgeblüht ist und schön duftet. Die Kombination der Inhaltsstoffe – Kieselsäure, Gerbstoffe, Iridoidglykoside wie Asperulosid und Aucubin, Flavonoide, Zitronensäure und ätherische Öle – unterstützt die Arbeit der Lymphe und reinigt den Körper auch von Umweltgiften und Pestiziden. Ein Tee aus dem blühenden Kraut regt die Niere an und hilft, den Körper zu entwässern – sein Spezialgebiet sind geschwollene Knöchel. Auch wenn die Haut entzündet und gereizt ist oder juckt, bringt er Erleichterung. Zugleich schützt und stärkt er die empfindlichen Schleimhäute von Mund und Lippen, Ohren, Darm, Blase und Vagina. Die Pflanze enthält auch ein Enzym, das ähnlich arbeitet, wie das Labferment aus dem Kälbermagen – es bringt die Milch zum Gerinnen. Unsere Vorfahren verwendeten einen Absud aus der ganzen Pflanze und vor allem aus ihren Wurzeln zur Herstellung von Käse. Der englische Cheddarkäse bekommt noch heute seine gelbe Farbe von den Labkraut-Blüten. Wegen dieses besonderen Enzyms hilft es Menschen mit einer Milchunverträglichkeit, Mit Labkraut gewürzter Kräuterquark macht dem Körper weniger Probleme als ein reiner Quark. Trinkt man den Tee zu Pizza oder anderen Speisen mit Milchprodukten, hilft er, den Käse zu verdauen.

Gewöhnliches Leinkraut

Linaria vulgaris **Wegerichgewächse** (früher Rachenblütler)
20–60 cm Juni–Okt. Staude

Merkmale Ausdauernder Wurzelstock, Wurzelwanderer. Stängel dicht beblättert. Blätter meist wechselständig, lineal-lanzettlich, kahl, vorne spitz. Blüten hellgelb, zahlreich am Ende des Stängels in einer Traube, mit langem, geradem Sporn und orangefarbenem Wulst, ähneln dem Garten-Löwenmäulchen. Fruchtkapsel mit gezähntem Rand, Samen rundherum breit geflügelt.
Fundort Brachflächen, Unkrautfluren, Wegränder.
Ernte und Verwendung Leinkraut wird nur noch selten in der Volksheilkunde verwendet. Mit seinen Flavonglykosiden, Iridoiden, Mineralstoffen und organischen Säuren gilt der Tee aus dem blühenden Kraut als Heilmittel für die Schleimhäute von Darm und Harnwegen. Er wirkt abführend und harntreibend. Gleichzeitig stärkt er die Schließmuskeln von After und Blase. Leinkrautsalbe wurde gegen Venenentzündungen und schmerzende Hämorrhoiden verwendet. Insekten mögen den Geruch des getrockneten Krauts nicht und lassen sich damit vertreiben. Da die Pflanze sehr üppig wächst, können Sie einen Strauß pflücken und auf Ihren Schreibtisch stellen. Er soll ungeliebte Aufgaben fernhalten.

› Giftiger Doppelgänger

Die Blätter der noch nicht blühenden **Zypressen-Wolfsmilch S. 134** sehen sehr ähnlich aus. Kurz bevor sie blüht, verzweigt sie sich im oberen Stängelteil doldenartig. Darunter bildet sie oft kleine Seitentriebe. Eindeutig zu erkennen ist diese Pflanze an dem weißen Milchsaft in allen Pflanzenteilen. Er ist sehr klebrig und leicht giftig.

Gewöhnlicher Löwenzahn

Taraxacum officinale **Korbblütler**

H 5–40 cm April–Juli Staude

Merkmale Pflanze kahl, mit Pfahlwurzel und Milchsaft, formenreich. Blätter in grundständiger Blattrosette, gelappt bis grob gesägt. Blüten gelb, einzeln. Blütenstängel hohl, äußere Hüllblätter zurückgeschlagen, kürzer als die inneren. Frucht braun, schuppig, Pappus schirmartig.

Fundort Grünland, Fluren, überall.

Ernte und Verwendung Löwenzahn aktiviert den Stoffwechsel. Sein Spezialgebiet sind Beschwerden im Leber-Galle-Bereich. Verwenden Sie Tee und Tinktur aus Pflanze und Wurzel. Bei Leberschwäche – Leberentzündung, Zirrhose, Gelbsucht, Vergiftungen – stärkt, nährt und reinigt Löwenzahn das Entgiftungsorgan und baut zerstörte Zellen wieder auf. Er wirkt als Radikalfänger und regt die Nieren so stark an, dass er auch den Beinamen »Bettsaicher« trägt. Er aktiviert die Ausscheidung der sauren Stoffwechselendprodukte, die sich in Gelenken und Muskeln ablagern, und bringt Beweglichkeit in schmerzende Gelenke. Bei schlechter Kohlenhydratverdauung stimuliert er die Bauchspeicheldrüse und stabilisiert die Blutzuckerwerte. Er senkt den erhöhten Cholesterinspiegel, bringt eine schlechte Verdauung in Schwung und hilft bei Viruserkrankungen. Eine Frühjahrskur mit Löwenzahn bringt neuen Schwung. Geben Sie frische Blätter in den Salat, stechen Sie die Wurzeln, säubern Sie sie und legen Sie Scheibchen auf das Butterbrot. Kauen Sie drei Blütenstängel pro Tag und stärken Sie so Milz und Abwehrkräfte (der Milchsaft ist nicht giftig). Die Blüten nutzen Sie für die Schönheitspflege als Gesichtswasser oder Maske. Aus 3–4 Löwenzahnwochen wird so eine optimale Verjüngungskur. Die Pflanze nimmt dem Leben die Bitterkeit und versüßt es – durch mehr Appetit, bessere Verdauung, besseren Schlaf und mehr Liebes- und Lebenslust.

Echtes Mädesüß

Filipendula ulmaria syn. *Spirea ulmaria* **Rosengewächse**

H 50–150 cm Juni–Aug. Staude

Merkmale Stängel kräftig, aufrecht, kahl, kantig, oben verzweigt. Blätter abwechselnd mit großen Fiederblättern und dazwischen sehr kleine Teilblättchen, Endteilblatt groß, 3- bis 5-lappig. Blüten klein, gelblich weiß, meist mit 5 Kronblättern, sehr zahlreich in reich verzweigten Scheindolden. Samen spiralig gedreht.

Fundort Feuchte Wiesen, Gräben, Bäche.

Ernte und Verwendung Ernten Sie die duftenden Blüten und die oberen Blätter, solange die Pflanze voll erblüht ist. Das ätherische Öl trägt die Wärme des Sommers in sich. Zusammen mit Flavonoiden, Salicylsäureverbindungen und Gerbstoffen ist es ein rein pflanzliches Schmerzmittel. Es ist sogar der natürliche Vorläufer des Aspirins. Da das Kraut außerdem Schleimstoffe enthält, ist es für Menschen mit empfindlichem Magen besser verträglich. Tee und Tinktur aus der blühenden Pflanze fördern die Durchblutung besonders am Kopf und lindern Kopf- und Nervenschmerzen. Bei Erkältungen und Virusinfektionen wie Mumps und Windpocken – mit oder ohne Fieber – helfen sie dem Körper, die Krankheitserreger auszuschwitzen, über die Niere auszuscheiden und so das Fieber zu senken. Vor allem grippale Infekte verlaufen glimpflicher, mit weniger Fieber, Gliederschmerzen und Kopfschmerzen. Bei schmerzenden Gelenken erwärmen sie den Körper, hemmen die Entzündung, nehmen die Schmerzen und entfalten ihre Wirkung gegen Rheuma. Mit den Blüten aromatisierten Germanen und Kelten ihren Met – daran erinnert der Name »Mädesüß«. Wir können das gut nachempfinden, wenn wir heute die Blüten mit flüssigem Honig übergießen und ein paar Wochen lang ziehen lassen. So ein Honig verführt zum Naschen. Einige Blüten in Wein gelegt, geben ihm eine wunderbar spritzige Note.

Weg-Malve

Malva neglecta **Malvengewächse**

H 10–40 cm Juni–Sept. 1-jährig

Merkmale Meist niederliegend. Blätter wechselständig, sehr lang gestielt, rundlich, nur leicht gelappt, am Grund herzförmig. Blüten hellrosa bis fast weiß, höchstens 1,5 cm lang, etwa doppelt so lang wie der Kelch. Frucht scheibenförmig, 6–7 mm Durchmesser, Fruchtstiele zuletzt zurückgebogen.

Fundort Wegränder, Schuttplätze, Mauern.

Ernte und Verwendung Die Weg-Malve und die größere Wilde Malve *(Malva sylvestris)* haben die gleiche Wirkung. Ernten Sie Blätter und Blüten zwischen Juni und September, wenn sie gerade aufgeblüht sind. Trocknen Sie sie schnell und schonend im luftigen Schatten, damit sie nicht schimmeln. Beide Arten enthalten in all ihren Pflanzenteilen viele Schleimstoffe, die die Schleimhäute des Körpers wie ein Schutzfilm überziehen. Ein Tee beruhigt brennende Nasen und Augen bei Heuschnupfen. Bei Reizhusten und Bronchialkatarrh besänftigt er den Atemtrakt und erleichtert das Abhusten. Bei Reizung oder Entzündung der Magenschleimhaut oder des Zwölffingerdarms puffert er zu viel Magensäure ab, wirkt beruhigend und heilend. Auch die Schleimhäute der Blase und des Genitalbereichs lassen sich gern vom Malvenschleim einhüllen. Der Tee wird auch von Kindern gut vertragen. Besonders in Pflegeprodukten für sensible und trockene Haut sorgen Malven dafür, dass die Haut genug Feuchtigkeit bekommt und Fältchen verschwinden. Ein Bad in konzentriertem Absud aus Blättern und Blüten ist eine Wohltat für gereizte, juckende und trockene Haut. Es lindert leichten Sonnenbrand und beruhigt ekzematische Hautpartien. Ein Augenbad mit kühlem Malvenwasser erfrischt die Augen, eine Kompresse beseitigt leichte Rötungen in den Augen. Mit übrig gebliebenem Tee können Sie sprodes und strapaziertes Haar »weich« spülen.

Mariendistel

Silybum marianum **Doldenblütler**

H 60–150 cm Juli–Sept. 2-jährig

Merkmale Stängel oben leicht filzig behaart, nicht stachelig. Blätter buchtig-fiederspaltig, länglich, dunkelgrün, weiß gezeichnet, mit breiten, 3-eckigen, stachelig gezähnten Abschnitten. Köpfe einzeln, 4–5 cm lang, nur Röhrenblüten, purpurrot, Hüllblätter stachelig, mit 2–4 cm langem, rinnigem, in einen kräftigen Stachel auslaufendem Fortsatz. Früchte 6–7 mm lang, braun, an der Spitze mit gelbem Rand und rauem Pappus.

Fundort Wegränder, Ödland, warme Lagen.

Ernte und Verwendung Alles an der Mariendistel ist essbar. Die Wurzeln schmecken ähnlich wie Pastinaken, der Blütenboden ist genauso lecker wie der von Artischocken – nur sehr viel kleiner – und die geschälten Stängel ergeben ein wohlschmeckendes Gemüse. Das Wertvollste sind die Samen. Sie enthalten Silymarin (ein Gemisch aus drei Flavonoiden), Bitterstoffe und ätherisches Öl. Diese Wirkstoffkombination schützt die Leber auf drei Arten: Sie stabilisiert die Zellmembran und hemmt die Aufnahme von Toxinen in die Leberzelle. Als Radikalfänger hindert sie freie Radikale daran, weitere Zellstrukturen zu zerstören. Und schließlich hilft sie den Leberzellen bei der Regeneration, indem sie die Bildung neuer Zellen in der geschädigten Leber anregt. Daraus resultiert die erstaunliche Wirkung der Samen: Bei rechtzeitiger Gabe können sie sogar die Folgen einer Vergiftung mit Knollenblätterpilzen rückgängig machen. Die Pflanze hilft bei allen Erkrankungen der Leber, seien es toxische Leberschäden durch Alkohol, Arzneimittel oder Umweltgifte oder die Nachbehandlung einer Hepatitis. Auch bei Leberzirrhose, Fettleber, Gelbsucht oder chronischer Leberschwäche wirkt sie regenerierend. Für einen Tee zerstößt man die Samen. Höher ist der Wirkstoffgehalt in einer Tinktur. Es gibt viele Fertigpräparate.

Meerrettich

Armoracia rusticana syn. *Cochlearia armoracia* **Kreuzblütler**

I I 40 120 cm Mai–Juni Staude

Merkmale Pflanze kahl, scharf schmeckend. Stängel kantig, hohl. Grundständige Blätter sehr groß, bis zu 70 cm lang, länglich, lang gestielt, am Rand wellig, unregelmäßig gezähnt. Stängelblätter unregelmäßig fiederteilig, mit schmalen Abschnitten, obere ungeteilt, lanzettlich, sitzend. Blüten weiß, in reichblütigen Trauben. Früchte eiförmig.
Fundort Wegränder, Brachen.
Ernte und Verwendung Nur in den Monaten mit »r« sind die Meerrettich-Wurzeln scharf genug und dürfen geerntet werden. Ihre starke, zu Tränen rührende Heilkraft verdankt die »Beißwurz« ihren Inhaltsstoffen. Die Senf-Öle (Sinigrin) wirken antibiotisch, antiviral und pilzhemmend. Sie werden im Körper über die Nieren und die Atemwege ausgeschieden und genau dort entfalten sie ihre Wirkung. Die Wurzel wird als pflanzliches Antibiotikum bezeichnet. Wer regelmäßig frisch geriebenen Meerrettich isst, steigert die körpereigene Abwehrkraft und Infekte werden zur Seltenheit. Blasenentzündungen, Husten, Bronchitis, Katarrhe der Atemwege, Entzündungen von Stirn- und Nasennebenhöhlen und Schnupfen sind Spezialgebiete der Meerrettich-Wurzel.

> Ungenießbarer Doppelgänger

Solange die Pflanzen nicht blühen, sind die Blätter mit denen des **Krausen Ampfers S. 118** zu verwechseln, der an Wegrändern, auf nassen Wiesen und Feldern wächst. Seine Blätter stecken voller Gerbstoffe und Oxalate, die vom Verzehr abhalten. Schafe und Pferde bekommen davon Magenbeschwerden.

Meisterwurz

Peucedanum ostruthium **Doldenblütler**

H 30–100 cm Juni–Aug. Staude

Merkmale Fast kahl, Stängel hohl. Blätter gelbgrün, mit drei großen, gestielten Teilblättern, diese verschieden tief, oft bis zum Grund 3-teilig, ungleich spitz gezähnt, riechen beim Zerreiben aromatisch. Blattscheiden aufgeblasen. Dolden bis zu 50-strahlig, Hüllblätter 1 oder fehlend, Blüten weiß oder rötlich. Früchte flach, rund, Durchmesser 4–5 mm, mit breit geflügelten Randrippen.
Fundort Sumpfige Bergwiesen, Erlenwälder.
Ernte und Verwendung Fertigen Sie Tee und Tinktur aus den Wurzeln. Diese riechen und schmecken nach einer Mischung aus Sellerie und Engelwurz. Der Name verrät die große Wertschätzung, die die Meisterwurz in den Alpenländern erfährt. Sie »meistert« viele gesundheitliche Herausforderungen. Mit der Komposition ihrer Inhaltsstoffe – ätherisches Öl, Gerbstoffe, Harze, Terpene – bessert sie Beschwerden von Magen, Leber und Galle, hat sich bewährt bei allen Bronchialerkrankungen und schützt vor Ansteckung mit Viren oder Bakterien. Sie stärkt die Schleimhäute im Nasen-Rachenraum vor Heuschnupfen und Allergien und hilft bei Schwächezuständen wieder auf die Beine. Aktuell wird diskutiert, ob sie die Entwicklung der Alzheimer Krankheit bremsen kann.

> Ungenießbarer Doppelgänger

Alle Doldenblütler müssen Sie sehr genau bestimmen und unterscheiden. Die Blätter der Meisterwurz sind mit denen des **Wiesen-Bärenklaus S. 107** zu verwechseln. Diese sind sehr rau behaart und tief gezähnt. Sie enthalten Photooxidantien, die bei empfindlichen Menschen Hautrötungen und Bläschen hervorrufen können.

Pfeffer-Minze

Mentha × piperita **Lippenblütler**

II 30–90 cm Juni–Aug. Staude

Merkmale Pflanze kahl, oft mit oberirdischen Ausläufern. Stängel violett, 4-kantig. Blätter gestielt, länglich eiförmig, spitz, Rand scharf gezähnt. Blüten rosa-violett, längliche Blütenähre am Ende des Stängels.
Fundort Meist kultiviert.
Ernte und Verwendung Das Kraut entspannt, entkrampft, erfrischt und belebt, sobald wir sein ätherisches Öl erschnuppern. Ob als Tee getrunken oder die Blättchen geknabbert, die alte Heilpflanze entfaltet ihre Wirkung bei allen Problemen mit der Galle und der Verdauung, verhindert Blähungen, Übelkeit und Durchfall. Sie löst festsitzenden Husten, befreit die Atemwege und lässt wieder tiefer durchatmen. Bei Kopfschmerzen hilft sie so gut und schnell wie jede Schmerztablette. Sie schützt die Schleimhäute vor der Reizwirkung ozonhaltiger Sommerluft oder vor Ansteckung in Erkältungszeiten. Die kühlende Wirkung des Menthols ist in vielen Sportsalben und -sprays willkommen, die bei akuten Verletzungen und Prellungen die Schmerzempfindlichkeit herabsetzen.
Vorsicht: Säuglinge und Kleinkinder vertragen kein Menthol und sollten besser dünnen Fenchel- oder Kamillen-Tee trinken.

> Giftiger Doppelgänger

Alle Minze-Arten haben eine starke Neigung, miteinander Bastarde zu bilden. Deswegen sind sie oft schwer voneinander zu unterscheiden. Die **Polei-Minze S. 125** wächst in Flussniederungen, ist selten aufrecht, hat eher ganzrandige Blätter und ihre Blüten stehen in Quirlen in den Achseln der oberen Blätter.

Klatsch-Mohn

Papaver rhoeas **Mohngewächse**

H 20–60 cm Mai–Juli 1-jährig

Merkmale Pflanze behaart, enthält Milchsaft. Blätter 1- bis 2-fach fiederteilig, mit spitzen Zipfeln. Blütenstiel lang, beblättert, borstig behaart. Blüten rot, bis zu 8 cm breit, am Grund meist mit dunklen Saftmalen, 2 behaarte Kelchblätter, fallen beim Öffnen der Blüte ab. Fruchtkapsel kahl, eiförmig, zahlreiche Samen.
Fundort Brachland, Getreidefelder, Wegränder, Äcker.
Ernte und Verwendung Mit dem leuchtenden Rot ihrer Blütenblätter schmückt die Pflanze die offene Erde an Baustellen von Häusern oder Straßen. Die Samen liegen jahrzehntelang im Boden und warten auf günstige Bedingungen zum Keimen. Der Klatsch-Mohn ist der kleine Bruder des Schlaf-Mohns *(P. somniferum)*. Wie dieser führt er in seinen Blättern und Stängeln weißen Milchsaft. Er enthält aber keine Opiumalkaloide, sondern nur etwa 0,1% leicht beruhigend wirkende Alkaloide. Deswegen gab man ihn früher Kindern, die nicht einschlafen konnten. Auch unruhigen alten Menschen half er manchmal beim Schlafen und gegen Husten. Ein Tee aus den Blütenblättern an lauen Sommerabenden erleichtert das Abschalten.

> Giftiger Doppelgänger

Der **Schlaf-Mohn S. 126** unterscheidet sich durch seine blaugrünen Blätter, die unbehaart und oval bis breit eiförmig sind, sowie durch die sehr viel größere Blüte. Die Blütenblätter sind meist lila mit einem großen, dunklen Fleck am Grund. Die ganze Pflanze ist giftig, besonders der Milchsaft. Anbau verboten.

Gewöhnliche Nachtkerze

Oenothera biennis **Nachtkerzengewächse**

50–150 cm Juni–Sept. 2-jährig

Merkmale Grundständige Blattrosette im 1. Jahr, Blätter lanzettlich, bis zu 15 cm lang. Stängel im 2. Jahr hoch, aufrecht. Blätter länglich, die untersten in den Stiel verschmälert, die obersten meist sitzend. Blüten gelb fluoreszierend, in rispigem Blütenstand am Ende des Stängels, 4 Kronblätter, 2–3 cm lang, Kelch grün. Frucht schmale, lange Kapsel.

Fundort Wegränder, Bahndämme, Straßenböschungen.

Ernte und Verwendung Sammeln Sie die schwarzen, reifen Samen und streuen Sie sie über Müsli, Salat, Suppe oder aufs Butterbrot. Die Samen stärken Ihre Abwehrkräfte und versorgen den Körper mit neuer Energie. Sie enthalten ungesättigte Fettsäuren mit 10% Gamma-Linolensäure und 70% cis-Linolsäure. Das Öl aus den Samen gibt es auch zu kaufen. Es bringt innere Ruhe, bessert Allergien, Asthma und Neurodermitis und sorgt für ein »dickeres Fell« beim Praemenstruellen Syndrom und in den Wechseljahren. Bei Multipler Sklerose und rheumatoider Arthritis mildert es Entzündungen. Beim Hyperaktivitäts-Syndrom (ADHS) hilft es, ruhiger zu werden, und erspart in etwa der Hälfte der Fälle Ritalin.

> Giftiger Doppelgänger

Solange die Pflanze nur die grundständige Blattrosette entwickelt hat, ist sie leicht mit anderen Arten zu verwechseln, zum Beispiel mit dem sehr giftigen und sehr seltenen **Schwarzen Bilsenkraut S. 127**, dessen Blätter buchtig gezähnt und voller zottiger, klebriger Härchen sind. Außerdem riechen sie muffig.

Gewöhnliche Nelkenwurz

Geum urbanum **Rosengewächse**

H 30–100 cm Mai–Aug. Staude

Merkmale Pflanze behaart. Wurzel aromatisch riechend. Stängel aufrecht. Blätter der ausdauernden Grundrosette lang gestielt, mit 1–5 Paar Seitenfiedern und großer runder Endfieder. Stängelblätter 3-teilig, grob gezähnt, spitz zulaufend, mit großen Nebenblättern. Gelbe Blüten einzeln, unscheinbar mit 5 Blütenblättern, 5 grünen Kelchblattzipfeln in den Lücken, lang gestielt, kleiner als 1 cm. Klettenartige Früchte.

Fundort Wälder, Hecken, alte Gemäuer.

Ernte und Verwendung Zur Zeit der Frühlings-Tag- und Nachtgleiche sind die Wurzeln der Pflanze reich an Duft- und Inhaltsstoffen und lassen sich jetzt gut ernten. Sie wurden früher getrocknet und pulverisiert und waren Ersatz für die oft unerschwinglich teuren, exotischen Gewürznelken, weil ihr ätherisches Öl die gleiche duftende Komponente (Eugenol) enthält. Tee oder Tinktur aus der Wurzel enthält außerdem noch viele Gerbstoffe, die alle zusammen ein pflegendes Darmtonikum ergeben. Sie wirken gegen Entzündungen der Darmschleimhaut und beseitigen leichten Durchfall. Gurgeln mit dem Tee beseitigt Halsschmerzen und Entzündungen des Zahnfleischs. Die Gerbstoffe helfen auch bei der Ausleitung von Pestiziden und Umweltgiften. Ab April ergeben die ersten jungen Blätter einen wohlschmeckenden Tee, der Darm und Schleimhäute reinigt und frühlingsfit macht. Pflücken Sie die blühenden Stängel und hängen Sie sie in Büscheln zum Trocknen auf. So haben Sie einen Vorrat für den Winter. Die Gerbstoffe heilen mit ihrer zusammenziehenden Kraft kleine Verletzungen und stillen leichte Blutungen der Haut; die ätherischen Öle hemmen damit verbundene Entzündungen. Umschläge oder Kompressen mit dem konzentrierten Tee helfen auch bei Krampfadern und offenen Beinen.

Odermennig

Agrimonia eupatoria **Rosengewächse**

H 30–100 cm Juni–Sept Staude

Merkmale Pflanze behaart. Stängel fest, aufrecht, nur oben verzweigt. Blätter direkt am Stängel, unpaarig gefiedert, 5–9 Fiederpaare, Unterseite dicht rau behaart. Blüten gelb, ährenförmig angeordnet. Kelchbecher fast auf der ganzen Länge mit deutlichen Furchen, am oberen Rand zahlreiche Hakenborsten, die äußeren rechtwinklig abstehend. Früchte hakige Kletten.

Fundort Wegränder, Hecken, trockene Wiesen.

Ernte und Verwendung Die Blüten der Pflanze duften fein nach Honig und geben dem Tee ein sehr feines Aroma. Ernten Sie Blätter, Stängel und Blüten. Bei fast allen körperlichen Problemen können Sie jedem Tee eine Prise Odermennig zusetzen und werden die kräftigende Wirkung spüren. Das Kraut steckt voller Gerbstoffe, Bitterstoffe, ätherischem Öl, Triterpene und Flavonoide. Tee, Wein und Tinktur aus der Pflanze beruhigen den Magen-Darm-Bereich und haben sich vor allem bei Entzündungen der Darmschleimhaut und Reizdarm mit dünnem Stuhlgang bewährt. Die Pflanze unterstützt die Leber bei ihrer Entgiftungsarbeit und hilft dem Körper, Schadstoffe aus der Umwelt auszuscheiden. Bei Gallenschmerzen und Koliken löst sie Krämpfe und stillt Schmerzen. Der Tee reinigt alle Schleimhäute und hat sich sehr bewährt bei chronischen Nasenneben- und Stirnhöhlenentzündungen. Redner und Sänger gurgeln mit dem Tee und pflegen so ihre Stimmbänder. Wie Grüner Tee wirkt er als Radikalfänger und aktiviert die Abwehrkräfte gegen Krebs. Umschläge und Kompressen mit konzentriertem Tee heilen kleine Verletzungen der Haut, nässende Wunden und juckende Hautausschläge. Die Bach-Blüten-Essenz heißt *Agrimony*. Sie bringt als *Blüte der Ehrlichkeit* inneres Sein und äußeres Erscheinen in Einklang.

Oregano (Dost)

Origanum vulgare **Lippenblütler**
H 20–60 cm Juli–Sept. Staude

Merkmale Stängel rot überlaufen, nach oben hin verzweigt, wie die Blätter weich behaart. Blätter eiförmig, obere kleiner als untere. Blüten kurz gestielt, Oberlippe flach, Unterlippe 3-teilig, rosa Blütenbüschel am Ende der Zweige, Kelche purpurfarben.
Fundort Wegränder, Trockenrasen, Wiesen.
Ernte und Verwendung Es ist der Duft, mit dem der Oregano auf sich aufmerksam macht. Er sorgt dafür, dass wir automatisch tiefer durchatmen und uns nach anstrengender Kopfarbeit entspannen. Das ätherische Öl fördert zusammen mit Gerbstoffen, Bitterstoffen und sekundären Pflanzenstoffen den Appetit und die Verdauung. Im Magen-Darm-Trakt regt es Leber und Galle an, verhindert Blähungen oder vertreibt Pilze und Würmer. Das ätherische Öl ist sehr leicht flüchtig. Schon tiefes Einatmen oder Inhalieren bringt seine desinfizierende Kraft in die Nasennebenhöhlen. Ein Tee aus dem Kraut blockiert bei Husten und Bronchitis den Hustenreiz und nimmt die Entzündung. Eine krampflösende Komponente erleichtert das unangenehme Ziehen. Ein Tipp gegen Ohrensausen ist schon älter als 300 Jahre: Leiten Sie den Dampf des Tees aus dem Kraut durch einen Trichter in das sausende oder klingende Ohr, so lange, wie es guttut. Ein Erkältungsbad in Oregano-Sud regt Abwehrkräfte und Entgiftung des Körpers an. Auch ohne Erkältung ist so ein Bad sehr entspannend und löst den Stress des Tages auf. Das unverdünnt aufgetragene ätherische Öl hilft bei Nagelpilz. In Lebensmitteln wirkt Oregano wie ein natürliches Antioxidans. Er verhindert das Wachstum von Coli-Bakterien und damit das Verderben von Wurst oder Fleischwaren. In der Liste der »Bakterienkiller«, mit denen wir in der Küche unsere Speisen würzen, steht Oregano ganz oben.

Gewöhnliche Quecke

Agropyron repens syn. *Elymus repens* **Süßgräser**

H 30–120 cm Juni–Aug. Staude

Merkmale Ausdauerndes Gras, Gruppen oder große Horste bildend, blaugrün, mit unterirdischen Ausläufern. Blätter bis zu 12 mm breit, flach, leicht behaart, Unterseite meist rau, Öhrchen spitz. Blütenstand eine bis zu 15 cm lange, aufrechte oder etwas nickende, 2-zeilige Ähre. Ährchen mehrblütig, flach, Breitseite der Ährenachse anliegend, Spelzen spitz und begrannt. Granne kürzer als die Deckspelze.

Fundort Wiesen, Wegränder, Äcker.

Ernte und Verwendung Wenn Sie die Wurzeln im Frühjahr graben, bevor die Halme zu hoch werden, finden Sie das meterlange Wurzelwerk der Quecke. Das erklärt ihre weite Verbreitung. Verwenden Sie Tee und Tinktur aus der Wurzel. Diese liefert reichlich Kieselsäure und ist Nahrung für Haut, Haare, Nägel und Knochen, deren Elastizität sie erhält. Zusammen mit vielen Mineralien und Spurenelementen regt sie die Nieren an und reinigt das Blut. Da sie damit auch die Funktion der Haut als Ausscheidungsorgan entlastet, bessern sich Akne, Ekzeme und trockene Haut. Sie erleichtert Entzündungen von Harnwegen, Prostata und Blase. Nebenbei verschwinden auch Frühjahrsmüdigkeit und Erschöpfung.

> Giftiger Doppelgänger

Nur mit einiger Übung ist die Quecke von dem **Taumellolch S. 134** zu unterscheiden. Die Blattöhrchen sind sichelförmig, nicht spitz wie bei der Quecke, und die Längsseite der Ähren liegt dem Stängel an (bei der Quecke die Breitseite). Der Taumellolch ist durch die Reinigung des Saatgutgetreides selten geworden.

Quendel (Arznei-Thymian)

Thymus pulegioides **Lippenblütler**

H 5–25 cm Juni–Okt. Staude

Merkmale Stängel unten verholzt, aufsteigend oder kriechend, unter dem Blütenstand scharf 4-kantig, nur an den Kanten dicht behaart, Haare rückwärts gerichtet, kürzer als der Stängeldurchmesser. Blätter gestielt, eiförmig, meist kahl oder nur am Rand bewimpert. Blütenstand längliche Köpfchen, Blüte rosaviolett.

Fundort Trockenrasen, sonnige Hänge, Wegränder.

Ernte und Verwendung Pflücken Sie die blühenden Triebe, trocknen Sie sie und bewahren sie in einer gut schließenden Dose auf. So bleibt das ätherische Öl erhalten.
Es enthält Thymol und Carvacrol, löst den zähen Schleim in der Lunge und erleichtert das Abhusten bei Husten und Bronchitis. Zusammen mit den enthaltenen Flavonoiden und Gerbstoffen beruhigt das Öl krampfartigen Husten und nimmt die Entzündung. Ein Bad in einem konzentrierten Absud von Quendel vertreibt die Symptome einer beginnenden Erkältung und stärkt die körpereigenen Abwehrkräfte. Es lindert Gliederschmerzen und rheumatische Erkrankungen, löst schmerzhafte Verkrampfungen an den Tagen vor den Tagen und entspannt. Zusätzlich hilft es, Quendel-Tee zu trinken. Ein Kopfdampfbad mit dem Tee reguliert bei Akne die Tätigkeit der Talgdrüsen und nimmt die Entzündung. Auch Kompressen oder Waschungen mit Tee desinfizieren und pflegen unreine Haut. Er kann Zahncreme ersetzen, wenn Sie damit gurgeln oder den Mund spülen. Dies sorgt auch für frischen Atem. Der Tee hilft auch sehr gut bei Katerstimmung und bringt die Lebenskräfte zurück. Wenn Sie zudem Stirn, Schläfen und den Nacken mit dem Tee massieren, verschwinden auch Kopfschmerzen. In der Küche wird Quendel wie Thymian verwendet und fördert die Verdauung.

Rauke, Rucola

Eruca sativa **Kreuzblütler**

H 15–50 cm Mai–Aug. 1-jährig

Merkmale Blätter spitz fiederteilig, auf beiden Seiten mit 2–4 gezähnten oder ganzrandigen Abschnitten und einem größeren Endabschnitt. Kronblätter gelblich weiß mit dunklen Adern. Kelch dunkel braunviolett. Früchte steif aufrecht anliegend, mit abgeflachtem Schnabel.

Fundort Acker, Wegränder, Gärten.

Ernte und Verwendung Die Liebe zur italienischen Küche hat die Rauke bei uns wieder populär gemacht. Pizza, Pasta, Salat – überall bringen die Blätter den unverkennbar würzigen, scharfen Geschmack hinein. Sie fördern die Verdauung und aktivieren auch ein wenig die Nieren. Für Salat ernten Sie die grundständigen Blätter, bevor der Stängel austreibt. Die Samen können Sie wie Senfsamen verwenden. Aus ihnen wurde vor Jahrhunderten Öl gewonnen. Bei den Germanen galt die Rauke als Potenzmittel. Auch die grundständigen Blätter des Schmalblättrigen Doppelsamens *(Diplotaxis muralis)* werden im Sprachgebrauch Rucola genannt und als Salat bzw. Saatgut so angeboten. Die Blätter sind etwas schmaler und schmecken noch schärfer und intensiver. Die Pflanze ist oft an Straßenrändern und auf dem Mittelstreifen der Autobahn zu finden.

> Giftiger Doppelgänger

Vor einigen Jahren wurden in abgepacktem Rucolasalat im Supermarkt vereinzelte Stängel des **Gewöhnlichen Greiskrauts** **S. 119** gefunden. Es enthält Pyrrolizidin-Alkaloide, die in hohen Dosen die Leber schädigen können. Die Blätter sind sehr viel kleiner, welliger und buchtig gelappt. Der Rucola-Markt brach daraufhin zusammen.

Sanikel

Sanicula europaea **Doldenblütler**
H 20–40 cm Mai–Juli Staude

Merkmale Stängel aufrecht, wenig verzweigt, kahl. Grundblätter lang gestielt, immergrün, tief handförmig mit gezähnten Lappen, keine Stängelblätter. Stängel meist 2-fach unregelmäßig doldig verzweigt, der Mitteltrieb der 1. Verzweigung kürzer, die 2. Verzweigung 3-strahlig. Blüten weißlich in kleinen, kopfigen Döldchen. Frucht rundlich, mit hakenförmigen Stacheln.
Fundort Laub- und Mischwälder
Ernte und Verwendung »Sanikel lässt das Gulasch im Topf wieder zusammenwachsen«, von solch starker Heilkraft bei Verletzungen und Knochenbrüchen waren unsere Vorfahren im Mittelalter überzeugt. Die große, wundheilende Kraft des Sanikels können Sie bei Blutergüssen, Prellungen oder kleinen Verletzungen testen. Machen Sie Umschläge mit konzentriertem Tee oder verdünnter Tinktur aus den Blättern. Sie helfen auch bei Hautausschlägen und Ekzemen. Bei Magenproblemen unterschiedlichster Art hilft der Tee ebenfalls – gleich, ob es sich um einfache Appetitlosigkeit handelt, mangelnde Verdauungskraft oder eine Reizung oder Entzündung der Magenschleimhaut. Mai ist die beste Zeit, um die Blätter des Sanikels zu sammeln und zu trocknen.

› Giftiger Doppelgänger

Der **Scharfe Hahnenfuß S. 114** hat ähnliche Blätter. Er reizt die empfindliche Haut und führt zu Rötung und eventuell Blasenbildung. Die Pflanze verzweigt sich im Stängel immer wieder, besitzt Stängelblätter und die grundständigen Blätter sind bis zum Grund 3-teilig und scharf gezackt. Die Blüte ist glänzend gelb.

Großer Sauerampfer

Rumex acetosa **Knöterichgewächse**

H 30–90 cm Mai Juni Staude

Merkmale Grundständige Blätter pfeilförmig, mit spitzen, abwärts gerichteten Ecken. Obere Blätter mit tütenförmiger, stängelumfassender Blattscheide (Ochrea) am Blattgrund. Blüten rotgrün, in lockeren Rispen, Seitenäste unverzweigt.
Fundort Wiesen, Weiden, Wegränder.
Ernte und Verwendung Sauerampfer ist ein beliebtes Wildgemüse. Ein junges Blatt zu kauen, macht eine Frühjahrswanderung erst richtig schön. Die Pflanze beflügelt, nimmt den Durst, versorgt den Körper mit Vitamin C und Mineralstoffen sowie auch gleich mit neuen Lebenskräften. Damit beugen Sie gleichzeitig einer Parodontitis vor – das belegen aktuelle Forschungsergebnisse. Sauerampfer reinigt das Blut, entwässert den Körper und bringt den Appetit ins Lot. Der saure Geschmack der Pflanze stammt übrigens von der Oxalsäure, die im Körper mithilfe von Kalzium neutralisiert wird. Menschen mit Blasen- oder Nierensteinen sollten jedoch nicht zu viel davon essen, weil sich dann noch mehr Steine bilden könnten. Alle anderen belebt die Säure. Kein Wunder, dass der Sauerampfer auch in der »Neunkräutersuppe« enthalten ist, der Kraftspeise am Gründonnerstag.

> Ungenießbarer Doppelgänger

Die Blätter des **Krausen Ampfers S. 118** sind sehr viel größer und am Rand gewellt. Außerdem haben sie keinen pfeilförmigen Blattgrund. Bei einer Geschmacksprobe wird man sie gleich wieder ausspucken, weil sie so viele Gerbstoffe enthalten, die im Mund ein unangenehm pelziges Gefühl verursachen.

Sauerklee

Oxalis acetosella **Sauerkleegewächse**
H 5–15 cm April–Mai Staude

Merkmale Pflanze zart, Rhizom kriechend. Blätter grundständig, lang gestielt, aus 3 herzförmigen Blättchen zusammengesetzt. Blüten mit 5 Kronblättern, weiß, mit violetten Äderchen, einzeln auf langen Stielen, die Blätter überragend. Frucht eine Kapsel.
Fundort Laub- und Nadelwälder.
Ernte und Verwendung Sauerklee wächst am liebsten im Schatten und kommt mit so wenig Licht aus wie kaum eine andere Blütenpflanze. Die Blätter schmecken erfrischend säuerlich. Sie dienen der Pflanze als Schirm, den sie tagsüber aufklappt, damit sie über die Blätter möglichst viel Licht aufnimmt. Wenn es dunkel wird, klappt die Pflanze die Blätter zu einer »Schlafstellung« zusammen, und wenn es zu stark regnet ebenfalls. Oxalsäure und ihre Salze sind, wie beim Sauerampfer S. 79, verantwortlich für den sauren Geschmack. Menschen, die zur Steinbildung neigen, sollten nur wenig davon essen. Schon wenige Blätter des Sauerklees beleben und stillen den Durst. Besonders erfrischend sind sie bei Frühjahrsmüdigkeit. Ein Tee aus den Blättern stärkt die Lebenskräfte und regt die Verdauung an. Er löst Blähungen und Krämpfe von Magen, Darm und Galle.

> Giftiger Doppelgänger

Wenige Wochen vor dem Sauerklee blüht im Wald das **Busch-Windröschen S. 116.** Es enthält, wie alle Hahnenfußgewächse, hautreizende Anemonine. Dieses Pflänzchen sollten Sie besser nicht unterwegs knabbern, weil das unangenehme Blasen im Mund hervorruft. Allerdings verschwinden sie bald wieder.

Acker-Schachtelhalm

Equisetum arvense **Schachtelhalmgewächse**

H 20–50 cm März–April Staude

Merkmale Keine Blütenpflanze. Fruchtbare Sprosse mit Sporen im Frühjahr, 10–20 cm hoch, gelbbraun, astlos, mit 2–4 cm langer Ähre am Stängelende, diese Sprosse sterben später ab. Im Sommer folgen sterile Triebe, grün, geriffelt, 3- bis 5-kantig, 3–4 mm dick, nur das Gipfelteil astlos. Blätter (Äste) in Quirlständen am Stängel, mit 8–12 dunkelbraunen, manchmal weißrandigen Zähnen.

Fundort Äcker, Wegränder, Ufer, Bahndämme.

Ernte und Verwendung Von Mai bis Juni ist die beste Erntezeit für die grünen Triebe dieser Pflanze. Sie fühlen sich sehr rau an – so macht sich der hohe Gehalt an Kieselsäure bemerkbar. Die vielen Mineralstoffe (Kalium, Calcium, Magnesium, Aluminium, Eisen, Mangan und andere) gaben der Pflanze den Ruf, ein pflanzliches »Schüsslerelixier« zu sein. Es ist ein Kraut zum Gesundwerden und Gesundbleiben. Der Tee aus den Trieben kräftigt Haut und Schleimhäute. Er aktiviert Nieren und Blase, auch bei rheumatischen Erkrankungen, hält die Blutgefäße flexibel, stärkt das Gedächtnis und kräftigt das Lungengewebe bei Bronchitis. Bei Knochenbrüchen, Problemen mit Bandscheiben und Osteoporose beschleunigt er die Heilung.

› Giftiger Doppelgänger

Der **Sumpf-Schachtelhalm S. 131** ist in erster Linie für Tiere giftig. Man erkennt ihn an den Sporangienähren, die stets auf dem grünen Stängelende wachsen. Zudem ist das unterste Astglied stets deutlich kürzer als die Stängelscheide. Beim Acker-Schachtelhalm ist das unterste Astglied länger als die Stängelscheide.

Schafgarbe

Achillea millefolium **Korbblütler**

H 15–60 cm Juni–Nov. Staude

Merkmale Pflanze mit unterirdischen Ausläufern. Stängel aufrecht, sehr fest. Blätter dunkelgrün, 2- bis 3-fach fein gefiedert. Zahlreiche 4–9 mm große Blüten mit 4–6 kurzen, weißen Zungenblüten, manchmal rosa, Röhrenblüten cremefarben. Stehen in bis zu 8 cm breitem Blütenkörbchen in endständiger, flacher Doldentraube.
Fundort Wiesen, Weiden, Wegränder.
Ernte und Verwendung Ernten Sie die Pflanze, wenn sie blüht, am besten in der vollen Mittagssonne. Dann ist das ätherische Öl in allen Pflanzenteilen am kräftigsten. Tee und Tinktur aus der blühenden Pflanze aktivieren mit ihren Bitterstoffen den Stoffwechsel von Magen und Darm und das wertvolle ätherische Öl hemmt Entzündungen. Mit ihren vielen Mineralstoffen reinigt die Pflanze Blut und Lymphe, hilft bei Nierenkrankheiten mit Blasenschwäche. Sie bringt Wärme in den Körper von Menschen, die leicht frieren, und schützt vor Erkältungen. Sie sorgt dafür, dass das venöse Blut leichter zum Herzen transportiert wird, und bringt Erleichterung für schwere Beine, Krampfadern und Hämorrhoiden. Zudem beruhigt sie das nervöse Herz und stärkt die Nerven. Auch bei Kopfschmerzen und Wetterfühligkeit sollten Sie diese Pflanze verwenden. Schafgarbe ist eine unverzichtbare Heilpflanze für Frauen. Sie hilft bei schmerzhafter Menstruation, Zysten, Myomen und bei Durchblutungsstörungen im kleinen Becken. Wenn Sie sich auf einem Spaziergang eine Schürfwunde zuziehen oder an Dornen stechen, suchen Sie eine Schafgarbe. Zerreiben Sie einige Blätter in der Handfläche, bis der grüne Pflanzensaft austritt. Streichen Sie ihn auf die betroffene Stelle. Das ätherische Öl stillt die Blutung, verhindert eine Entzündung und beschleunigt die Heilung.

Hohe Schlüsselblume

Primula elatior **Primelgewächse**

H 10–25 cm April–Mai Staude

Merkmale Blätter in grundständiger Rosette, eiförmig, verschmälern sich rasch in den geflügelten Stiel, runzelig, kurz behaart, fein und unregelmäßig gezähnt. Blüten in vielblütiger, einseitig nickender Dolde, hellgelb, ohne Schlundflecken. Fruchtkapsel länger als der Kelch.

Fundort Feuchte Wiesen, Wälder, Gebüsch.

Ernte und Verwendung Alle Schlüsselblumen stehen unter Naturschutz. Einige Blüten für den Eigenbedarf dürfen Sie pflücken, die Wurzel kaufen Sie in der Apotheke. Die Wirkstoffe sind in den Blüten, in den Kelchen und, in höherer Konzentration, in der Wurzel enthalten. Bereiten Sie daraus Tee oder Tinktur zu. Genauso wirksam wie die Hohe Schlüsselblume ist die Echte Schlüsselblume *(Primula veris)*. Ihre Wirkstoffe (Glykoside, Saponine, Gerbstoffe, Flavonoide und ätherische Öle) lösen den zähen Schleim in den Bronchien und kräftigen das vom Husten geschwächte Herz. Sie helfen auch, den Körper nach dem Winter auf die lauen Winde des Frühlings umzustellen. Schwindel, Migräne und Nervosität, ausgelöst durch Wetterwechsel, bessern sich durch den Tee. Bei Stirn- und Nebenhöhlenentzündungen macht der Tee wieder einen klaren Kopf.

> Giftiger Doppelgänger

Verwechslung mit dem ebenfalls im Frühjahr und in Buchenwäldern wachsenden **Hohlen Lerchensporn S. 125** sind denkbar. Das Kraut enthält ein Alkaloid (Bulbocapnin), das auf das Zentralnervensystem wirkt und auf eigenartige Weise antriebslos macht. Die giftigere Knolle sitzt tief unter der Erde.

Speierling

Sorbus domestica **Rosengewächse**

H 3–15 m Mai–Juni Baum

Merkmale Baum mit kurzem Stamm und kräftigen Ästen. Rinde graubraun, rau. Blätter mit bis zu 21 Fiederblättchen, Teilblätter im unteren Drittel nicht gezähnt, bei der ähnlichen Vogelbeere *(S. aucuparia)* oft bis fast zum Grund gezähnt. Blüten weiß oder rötlich, in kegelförmigem Blütenstand, Kronblätter 6–7 mm lang. Frucht birnenförmig oder kugelig, bis zu 3 cm groß, bei Reife gelb bis rotbraun.

Fundort Trockene Laubwälder, wird kultiviert.

Ernte und Verwendung Die Früchte haben die Form von kleinen Birnen und schmecken erst, wenn sie reif vom Baum gefallen sind. Wer in eine unreife Frucht dieses Baums hineinbeißt, weiß sofort, warum sie den Namen »Speierling« trägt. Es sind so viele Gerbstoffe darin enthalten, dass man sie gern und schnell wieder ausspuckt. Gerbstoffe ziehen Haut und Schleimhaut zusammen (adstringieren) und bewirken so das pelzige Gefühl im Mund. Im Magen-Darm-Trakt helfen sie bei Durchfallerkrankungen jeder Art. Der hohe Gehalt an Vitamin C versorgt den Körper gleichzeitig mit Energie. Auf Interesse stoßen die Speierlings-Früchte heute wieder, weil sie mit ihren Gerbstoffen die Zellalterung verhindern und somit Altersbeschwerden vorbeugen können. Besonders die Kosmetikindustrie interessiert sich für diese Fähigkeit. Wegen der vielen Gerbstoffe dienen die unreifen Früchte zum Klären von Apfel- und Birnenmost. Sie sorgen für längere Haltbarkeit des Getränks und verbessern mit ihrem Aroma den Geschmack. Speierlings-Früchte enthalten so viel Pektin, dass beim Kochen von Herbstmarmeladen kein anderes Geliermittel benötigt wird. Das Holz des Speierlings ist sehr hart. In alten Zeiten entstanden aus diesem Holz Speere. Die Namen *Speerbaum*, *Sperbel* und *Sperwe* erinnern noch daran.

Gewöhnlicher Steinklee

Melilotus officinalis **Schmetterlingsblütler**

H 30–120 cm Juni–Sept. 2-jährig

Merkmale Kahle Pflanze. Stängel aufrecht, verzweigt. Blätter 3-zählig, gefiedert mit gezähnten und gestielten Teilblättchen, länglich-oval. Blüten gelb, hängen in 4–10 cm langen einseitswendigen Trauben, Schiffchen kürzer als Flügel und Fahne. Fruchthülsen kahl und leicht querrunzlig, mit 5–8 Samen.
Fundort Unkrautfluren, Wegränder, Straßenränder.
Ernte und Verwendung Es ist erstaunlich, dass diese Pflanze an ihrem kargen Standort einen so belebenden Duft produziert. Für Tee, Tinktur oder Öl ernten Sie zur Blütezeit die oberen Triebspitzen. Bewahren Sie sie nach dem Trocknen in einem Baumwollsäckchen auf und hängen Sie es an einen Platz, an dem Sie immer mal wieder vorbeigehen. Die Pflanze wird Sie mit ihrem Duft begrüßen. Manchmal kündigt sie mit besonders intensivem Duft einen Wetterwechsel an – zu trübem Wetter. Auch für ein Schlafkissen ist dieser Duft geeignet. Ein Sträußchen getrockneter Steinklee im Kleiderschrank vertreibt Motten. Für ein Körperöl legen Sie getrocknete oder frische, blühende Triebspitzen in Mandel- oder Jojoba-Öl ein, lassen sie 4 Wochen ausziehen und filtrieren das Öl dann ab. Massieren Sie es morgens nach dem Duschen in die noch feuchte Haut – das verspricht einen schwungvollen Tag. Mit Cumaringlykosiden, Flavonoiden, Triterpenglykosiden, Gerbstoffen und Schleim stärken Tee und Tinktur die Gefäßwände und fördern den Rückfluss des venösen Blutes zum Herzen. Bei müden Beinen, Venenerkrankungen, Krampfadern und nächtlichen Wadenkrämpfen nehmen sie die Schmerzen und hemmen Entzündungen. Äußerlich angewendet helfen sie bei Sportverletzungen und Besenreisern. Da Steinklee das Blut verflüssigt, ist bei gleichzeitiger Einnahme von Blutverdünnern Vorsicht geboten.

Wohlriechende Süßdolde

Myrrhis odorata **Doldenblütler**

H 60–150 cm Mai–Juli Staude

Merkmale Stängel hohl, Knoten und Blattstiele zottig behaart. Blätter sehr groß, 2- bis 4-fach gefiedert, Unterseite zottig oder borstig. Dolden aus zahlreichen, weich behaarten Strahlen ohne Hülle mit 5–7 Hüllblättchen, Kronblätter weiß, bewimpert, mit eingebogener Spitze. Frucht 2–2,5 cm lang, mit 5 scharfkantigen Rippen.

Fundort Bergwiesen, Hecken, Gebüsch.

Ernte und Verwendung Die Süßdolde ist eine sehr dekorative Pflanze für einen Platz im Halbschatten. Sie wird dieses Eckchen mit ihrem Duft füllen. Die ganze Pflanze duftet und schmeckt nach Anis oder Lakritz. Die Blätter können Sie vom frühen Frühjahr bis in den Herbst ernten und zu den verschiedensten Gerichten verwenden. Das beste Aroma haben die noch nicht ganz reifen Früchte. Ähnlich wie Anis können Sie sie für Backwaren, Desserts oder Kräuterliköre verwenden. Da die Pflanze auch süß schmeckt, können Sie gut die Zuckermenge reduzieren. Tee, Tinktur oder Kauen von Kraut, Samen oder Wurzelstückchen stärken Magen und Lunge und entschlacken den Körper. Die Pflanze unterstützt auch die Verdauung, verhindert Blähungen und wird als Mittel für die Blutreinigung geschätzt.

> Giftiger Doppelgänger

Die Süßdolde kann mit dem **Gefleckten Schierling S. 109** verwechselt werden. Allerdings verrät sich der Schierling durch seinen violett gepunkteten Stängel und seinen muffigen Geruch, während die Stängel der Süßdolde nicht gepunktet sind und die Blätter beim Zerreiben würzig nach Anis riechen.

Weiße Taubnessel

Lamium album **Lippenblütler**

II 20 50 cm April–Okt. Staude

Merkmale Pflanze leicht behaart. Stängel aufrecht bis aufsteigend, einfach. Blätter gestielt, herz-eiförmig, gesägt, gegenständig, oft lang zugespitzt. Blüten weiß, mit schwarzen Staubbeuteln, scheinquirlig in den Blattachseln stehend.

Fundort Hecken, Wegränder, Schuttplätze.

Ernte und Verwendung Taubnesseln sind das ganze Jahr über zu finden. Der weit verzweigte, kräftige Wurzelstock der sehr robusten Pflanze kriecht durch das Erdreich. Die Blätter sind zwar nesselartig gesägt, aber »taub«, das heißt, sie brennen nicht so wie die Blätter der Brennnessel. Die jungen Triebe sind ein schmackhaftes Gemüse und eine leckere Salatbeigabe. Die Taubnessel blüht das ganze Jahr und bietet uns immer wieder ihre frischen, ein wenig nach Honig duftenden Blüten an. Sie sind zwar ein bisschen mühsam zu sammeln, ergeben aber einen so zarten und wohlschmeckenden, entspannenden Tee, dass sich diese Mühe lohnt. Der Tee pflegt unsere Haut und alle zarten Schleimhäute im Körper, besonders die der weiblichen Sexualorgane. Er unterstützt die Lymphe in ihrer Reinigungsfunktion und hilft bei Reizung, Entzündungen und Ausfluss. Er intensiviert die Durchblutung der Beckenorgane und hilft bei unregelmäßiger Periode. Auch bei schmerzhafter Menstruation und Gebärmutterkrämpfen bringt er Entspannung und löst Krämpfe. Wertvoll sind die Blüten besonders nach Brustkrebsoperationen, sie fördern den Abfluss der Lymphe aus Armen und Brust. Taubnessel-Blüten stärken auch die äußere Haut bei Neurodermitis und Akne. Umschläge, Waschungen oder Kompressen mit einem konzentrierten Tee beruhigen die Haut, nehmen den Juckreiz und unterstützen den Hautstoffwechsel. Am Abend führt der Tee zu einem ruhigen Schlaf.

Echtes Tausendgüldenkraut

Centaurium erythraea **Enziangewächse**
H 10–40 cm Juli–Sept. 1- oder 2-jährig

Merkmale Stängel aufrecht, nur oben verzweigt. Grundblätter in einer Rosette, meist elliptisch, ganzrandig. Stängelblätter gegenständig, länglich lanzettlich, sitzend, 5-nervig. Blüten sternförmig, rosa, zahlreich in lockerer, endständiger Scheindolde. Frucht mit 2 Fächern, Samen klitzeklein, Lichtkeimer.
Fundort Halbtrockenrasen, Waldränder, Gebüsch.
Ernte und Verwendung Die Pflanze ist in Europa nicht sehr häufig und ist geschützt. Sie enthält Bitterstoffe und der Tee aus dem blühenden Kraut ist ein Allheilmittel für alle Beschwerden, die auf kraftlose Verdauung zurückzuführen sind. Die Bitterstoffe helfen, die Nahrung besser aufzuschließen und Durchfall und Verstopfung zu normalisieren. Sie stärken Magen und Darm und die Vitamine A, B12, D und E werden besser aufgenommen. Das gibt den roten Blutkörperchen mehr Lebenskraft. Problematische Keime – wie Helicobacter – können verschwinden. Die Pflanze mildert Heißhunger auf Süßes. Sie hilft bei allen Infektionen mit Fieber, egal ob von Grippe-, Coxackie- oder anderen Viren verursacht. *Centaury* ist bei den Bach-Blüten die Essenz, die den eigenen Willen wieder spürbar macht und hilft, ihn zu leben.

> Giftiger Doppelgänger

Das rosa blühende **Echte Seifenkraut S. 129** ist viel größer und häufiger. Junge Pflanzen könnten jedoch mit dem seltenen Tausendgüldenkraut verwechselt werden. Die Saponine in einem Tee aus Kraut oder Wurzeln können Reizungen der Schleimhäute in Mund und Rachen verursachen und innere Blutungen auslösen.

Wasserdost

Eupatorium cannabinum **Korbblütler**

H 50–180 cm Juni–Sept. Staude

Merkmale Stängel aufrecht, oben verzweigt, dicht behaart, rötlich. Blätter gegenständig, leicht rau behaart, bis auf den Grund 3- bis 5-teilig, ungleich grob gesägt, lanzettlich zugespitzt, kurz gestielt, Hanf-Blättern ähnlich. Blütenköpfchen aus 4–6 rostroten (später weißen) Röhrenblüten mit herausragenden Griffeln. Zungenblüten fehlen. Trugdolden am Ende der Stängel. Früchte 2–3 mm, Pappus 2–3 mm.

Fundort Ufer, Waldlichtungen, Gräben.

Ernte und Verwendung Wasserdost wächst im Wald und auf Waldlichtungen bevorzugt auf Wasseradern oder in der Nähe von Quellen. Ernten Sie die obersten 50 cm eines Stängels, kurz bevor sich die Blüten öffnen. Der Tee aus dem Kraut stärkt das Immunsystem, die Leber und die Lymphe. Das hilft besonders, wenn sich eine Erkältung oder Grippe mit Muskelschmerzen und dem Gefühl von Zerschlagenheit ankündigt. Wasserdost treibt den Schweiß, senkt Fieber und kräftigt nach überstandener Infektion. Er hilft bei akuten viralen Infekten – auch als homöopathisches Mittel. Wasserdost enthält toxische Pyrrolizidin-Alkaloide. Verwenden Sie ihn deshalb nur in geringer Dosierung und nur für kurze Zeit.

> Giftiger Doppelgänger

Wasserdost heißt auch *Wasserhanf* und wird leicht mit dem **Hanf S. 116** verwechselt: Die Blätter beider Pflanzen sind sehr ähnlich, allerdings ist das Grün des Hanfs sehr viel heller und Stängel und Blattadern sind nicht rötlich gefärbt. Da Hanf bei uns nur sehr selten vorkommt, gibt es kaum Verwechslungen.

Wegwarte

Cichorium intybus **Korbblütler**

H 30–100 cm Juli–Sept. Staude

Merkmale Stängel aufrecht, zäh, sparrig verzweigt, leicht rau behaart. Grundblätter rosettig, untere Blätter unten buchtig – fiederlappig, mit großem Endabschnitt und rückwärts gerichteten, schmal 3-eckigen Seitenabschnitten, obere lanzettlich, schmaler werdend. Blütenköpfe zahlreich, kurz gestielt oder in den Achseln kleinerer Hochblätter sitzend, himmelblau, 3–4 cm groß, Ränder der Zungenblüten mäusezähnchenartig gezackt. Früchte 2–2,5 mm lang, mit sehr kurzen Pappusschuppen.

Fundort Wegränder, Schuttplätze, Weiden.

Ernte und Verwendung Die Pflanze grüßt wirklich von jedem Weg- oder Straßenrand her. Wenn Sie morgens zur Arbeit fahren, leuchten Ihnen Wegwarten-Blüten blau entgegen – wenn Sie nachmittags zurückfahren, sind die Blüten verschwunden. Am nächsten Morgen sind die Pflanzen wie durch ein kleines Wunder wieder voll erblüht. Des Rätsels Lösung: Die Wegwarte öffnet ihre Blüten bei Sonnenaufgang und schließt sie um die Mittagszeit wieder, wenn die Sonne ihren höchsten Stand am Himmel überschritten hat. Die Blüten enthalten sehr viel Eisen. Ein Tee daraus gibt neue Kräfte bei Anämie und nach größeren Blutverlusten. Die Wurzeln der Pflanze stecken voller Bitterstoffe. Tee und Tinktur aus der Wurzel sorgen dafür, dass die Verdauungssäfte in Magen, Leber und Bauchspeicheldrüse wieder sprudeln und die Nahrung leichter verdaut wird. In der Folge funktioniert der Stuhlgang wieder besser, Niere und Blase bekommen neuen Schwung und die Haut wird klarer. Die Wegwarte ist eine der wenigen Pflanzen, die besonders auch die Milz aktivieren und damit Immunsystem und Blutbildung unterstützen können. Insgesamt bringt sie Körper und Gemüt wieder mehr Energie.

Blut-Weiderich

Lythrum salicaria **Weiderichgewächse**

H 30–120 cm Juni–Sept. Staude

Merkmale Wurzelstock dick, holzig. Stängel aufrecht, 4- bis 6-kantig, rötlich gefärbt, im unteren Teil ästig verzweigt. Untere Blätter gegenständig oder zu dritt sitzend, lanzettlich. Blüten pink, gipfelständig, in langen Kerzen, Einzelblüte mit 6 Kronenblättern und 12 Staubblättern in 2 Kreisen. Frucht 2-klappige Kapsel, viele schleimhaltige Samen.

Fundort Feuchte Wiesen, Gräben, Flachmoore.

Ernte und Verwendung Ernten Sie Blüten und Blätter an sonnigen Tagen am späten Vormittag. Sie enthalten viele Gerbstoffe, die Blutungen und Durchfall stillen. Bei Nasenbluten hilft es, den Tee zu trinken und mit ihm Nasenspülungen zu machen. Salicylsäurederivate nehmen Schmerzen und Entzündungen, Phytosterine und ätherisches Öl pflegen den Darm. Die Franzosen verwenden den Tee gern bei Durchfall und schätzen seine Hilfe bei chronischen Entzündungen von Magen und Darm. Bei juckenden Ekzemen oder auch schlecht heilenden Wunden helfen mit Tee getränkte Kompressen als Auflage. Wenn die Haut juckt, hilft ein Bad in einem Absud aus Blut-Weiderich. Blüten und junge Blätter sind eine schmackhafte Zierde für jeden Salat.

> Giftiger Doppelgänger

Wer nicht genau hinsieht, kann die Blüten mit denen des sehr giftigen **Roten Fingerhuts S. 130** verwechseln. Der zweite Blick zeigt jedoch die Unterschiede: die größeren Blüten, die man über einen Finger stülpen kann. Fingerhut ist in allen Teilen, auch den Blüten, giftig, er enthält herzwirksame Glykoside.

Großer Wiesenknopf

Sanguisorba officinalis **Rosengewächse**

H 30–100 cm Juni–Sept. Staude

Merkmale Pflanze kahl. Blätter unpaarig gefiedert, 7–15 Fiederpaare. Teilblätter gestielt, herz-eiförmig, grob gezähnt, Unterseite glänzend grün, Oberseite graugrün. Blüten dunkel braunrot, in 1–2 cm langen Köpfchen, mit 2 Vorblättern und 4 braunroten Kelchblättern, Kronblätter fehlen. Kelchbecher zur Fruchtzeit 4-kantig.
Fundort Feuchte Wiesen, Flachmoore.
Ernte und Verwendung *Blutstillerin* wird diese Pflanze von Alters her genannt. An Mariä Himmelfahrt am 15. August wird sie wegen dieser Fähigkeit in die traditionellen Kräuterbüschel gebunden. Die tizianroten Blütenknöpfe sind im Hochsommer in feuchten Wiesen besonders gut nach der ersten Mahd zu erkennen. Aufgrund dieser roten Farbe haben unsere Vorfahren ihr die blutstillende Kraft schon angesehen. Es sind die Gerbstoffe in Kraut und Wurzel, die in Tee oder Tinktur ihre Wirkung entfalten. Diese Gerbstoffe ziehen Haut, Schleimhaut und Gewebe so zusammen, dass die Blutungen aufhören. So entziehen sie auch Entzündungen durch Bakterien, Viren oder Pilzen den Boden. Gleichzeitig vermindern sie Schmerzen und Juckreiz und fördern die Heilung. Es waren in erster Linie die Frauen, die den Großen Wiesenknopf schätzten, weil er die starken Menstruationsblutungen stillte, die vorwiegend in den Wechseljahren auftraten. Dabei kann der Tee auch heute noch helfen, genauso wie bei Entzündungen in Mund und Rachen oder blutendem Zahnfleisch. In diesem Fall nehmen Sie einen starken Tee als Gurgelwasser. Die Pflanze ist auch in einigen Zahncremes und Mundspülungen enthalten. Den Tee setzen Sie am besten in kaltem Wasser an, erhitzen ihn bis zum Sieden und sieben ihn dann ab. Er hilft sowohl bei akutem Durchfall als auch bei chronischer Entzündung des Dickdarms.

Ufer-Wolfstrapp

Lycopus europaeus **Lippenblütler**

H 20–80 cm Juli–Sept. Staude

Merkmale Pflanze schwach behaart. Stängel aufrecht, wenig verzweigt. Blätter gekreuzt gegenständig, kurz gestielt, lanzettlich, grob und tief gezähnt, vorn zugespitzt. Blüten weiß, innen rötlich gefleckt, klein, in dichten Scheinquirlen in den oberen Blattachseln. Teilfrüchte drüsig.

Fundort Ufer, Gräben, Nasswiesen.

Ernte und Verwendung Sammeln Sie das Kraut zur Zeit der Blüte und hängen Sie es zum Trocknen in kleinen Büscheln an einen schattigen Platz. Ein Tee daraus bringt die Schilddrüse ins Gleichgewicht. Er beruhigt sie bei leichter Überfunktion, die sich durch unbegründete Nervosität und Herzklopfen zeigt. Auch eine leichte Unterfunktion der Schilddrüse, die sich in Schlaffheit und Antriebslosigkeit äußert, gleicht der Tee aus. Im Menstruationszyklus unterstützt Wolfstrapp die zweite Zyklushälfte und hilft bei Praemenstruellem Syndrom. Auch bei Hitzewallungen, Schlafstörungen, Kopfschmerzen und Kreislaufproblemen in den Wechseljahren hat er sich bewährt. Noch eine Wirkung dieser Pflanze ist viel zu wenig bekannt: Gurgeln mit Wolfstrapp-Tee härtet den Zahnschmelz. Probieren Sie es einfach aus!

> Giftiger Doppelgänger

Die **Polei-Minze S. 125** wächst an ähnlichen Standorten wie der Ufer-Wolfstrapp. Allerdings wächst sie selten aufrecht. Ihre Blätter sind kleiner, ganzrandig und nicht gezähnt wie beim Wolfstrapp. Auch am Geruch der Minze und an der rosa Farbe ihrer Blüten lassen sich die beiden Pflanzen gut unterscheiden.

Brombeere

Rubus fruticosus **Rosengewächse**

H bis zu 3 m Mai–Okt. Strauch

Merkmale Zahlreiche Unterarten. Triebe sehr lang, oft kantig, stachelig, bewurzeln leicht. Blätter mit 3–5 Einzelblättchen und Stacheln. Blüten 2–3 cm groß, weiß, rosa bis bläulich. Frucht zusammengesetzt aus zahlreichen einzelnen Steinfrüchten, unreif rot, reif schwarz.

Fundort Waldränder, Hecken, Gebüsch.

Ernte und Verwendung Ein Tee aus Brombeer-Blättern hat einen erstaunlich frischen und belebenden Geschmack und reinigt Blut und Darm zugleich. Seine Gerbstoffe wirken auch bei Durchfall und Magen-Darm-Problemen. Bei Halsschmerzen und entzündeten Mundschleimhäuten hilft es, mit diesem Tee zu gurgeln. Es ist immer wieder ein besonderer und auch gesunder Genuss, reife Brombeer-Früchte direkt vom Strauch zu essen. Sie enthalten viel Vitamin C und Provitamin A, schützen damit unseren Körper vor reaktiven freien Radikalen aus der Umwelt und stärken das Immunsystem. Außerdem fördern sie die Blutbildung und wirken der Verengung der Blutgefäße entgegen. Der Saft aus den Beeren hilft und stärkt bei Fieber. Redner und Sänger können ihre Stimmbänder damit pflegen und Heiserkeit vorbeugen.

› Giftiger Doppelgänger

Als Neophyt verbreitet sich auch in unseren Landschaften die aus Amerika stammende **Kermesbeere S. 117** immer mehr. In der Freude über so viele schöne, dunkelblaue Beeren kann es geschehen, dass sie für Brombeeren gehalten werden. Besonders bei kleinen Kindern führen sie zu Übelkeit und Erbrechen.

Eberesche

Sorbus aucuparia **Rosengewächse**

H 2–15 m Mai–Juni Baum

Merkmale Rinde hellgrau, glatt, Krone unregelmäßig, offen, rundlich oder oval. Blätter unpaarig gefiedert mit 9–15 Blättchen, scharf gezähnt, Herbstfärbung rot. Blüte cremefarben, in doldigen Blütenständen. Früchte (Mini-Äpfel) leuchtend korallenrot, kugelig, bis zu 1 cm groß, mit 2–4 Kernen.
Fundort Waldränder, Pionierholz auf Kahlschlägen, Straßenränder.
Ernte und Verwendung Vogelbeeren – die Früchte der Eberesche – sind nicht giftig. Sie enthalten jedoch Parasorbinsäure, die den Mund empfindungslos macht. Dieser Effekt verschwindet durch Trocknen oder Kochen. Dabei entsteht aus der Parasorbinsäure Sorbinsäure – ein natürliches Konservierungsmittel. Die gekochten oder getrockneten Beeren regen Stuhlgang und Stoffwechsel an und entwässern gleichzeitig. Durch den hohen Vitamin-C-Gehalt (100 mg/100 g) stärken sie das Immunsystem und ihr herbsaurer Geschmack erfrischt den Körper. Bei Erschöpfung und auf Wanderungen sind sie ein willkommenes Stärkungsmittel. Lutschen oder Kauen von frischen oder getrockneten Beeren sorgt bei Rednern und Sängern für geschmeidige Stimmbänder und eine klare Stimme.

› Giftiger Doppelgänger

Die roten Beeren der **Roten Heckenkirsche** **S. 111** verlocken manchmal zum Verzehr, weil sie so schön rot leuchten. Meistens schmecken sie jedoch ziemlich bitter. Allerdings variiert der Geschmack je nach Standort stark. Bei Kindern können mehr als 30 Beeren Bauchschmerzen und Erbrechen hervorrufen.

Faulbaum

Frangula alnus **Kreuzdorngewächse**

H 100–300 cm Mai–Juni Strauch

Merkmale Aufrecht, dornenlos. Rinde graubraun, mit kleinen, länglichen, grauen Korkwarzen übersät. Blätter wechselständig, oval bis elliptisch, ganzrandig. Blattnerven enden am Blattrand. Blüten klein, grünlich weiß, zu 3–7 in den Blattachseln. Steinfrucht erbsengroß, erst rot, reif schwarz.

Fundort Brüche, Moore, feuchte Wälder.

Ernte und Verwendung Die Rinde des Strauchs riecht etwas faulig – und gab ihm seinen Namen. Die Rinde der jungen Zweige wird im Frühjahr abgezogen, klein geschnitten und getrocknet. In frischem Zustand verursacht sie Übelkeit und Erbrechen. Sie muss vor Gebrauch 1 Jahr lang gelagert oder unter Luftzufuhr 2 Stunden auf 200 °C erhitzt werden, damit sich die abführend wirkenden Stoffe (Anthranoide) bilden. Wenn sie so behandelt wurde, kann sie bei Verstopfung und Darmträgheit eingesetzt werden und wirkt dann mild bis mittelstark abführend. Ihre Wirkung erschöpft nicht die Darmmuskulatur und hält über mehrere Tage an. Es besteht keine Gefahr einer Gewöhnung. Ein Kaltauszug aus der Rinde wirkt am besten. Faulbaumrinde sollte nicht verwendet werden bei Darmverschluss und während Schwangerschaft und Stillzeit.

› Giftiger Doppelgänger

Die Blätter des **Purgier-Kreuzdorns S. 122** haben eine ähnliche Form, ihre Blattnerven verlaufen aber fast parallel bis in die Blattspitze. Seine Zweige stehen nahezu rechtwinklig vom Hauptast ab. Die Rinde ist ohne warzige Auswüchse. Besonders die unreifen und reifen, schwarzen Beeren sind giftig.

Schwarzer Holunder

Sambucus nigra **Geißblattgewächse**

H 2–7 m Mai–Juni Strauch oder Baum

Merkmale Äste mit weißem Mark. Blätter gegenständig, meist mit 5 Teilblättern, diese lanzettlich, gesägt, meist asymmetrisch, 5–10 cm lang. Blüten cremeweiß, in flachen bis zu 20 cm großen Schirmrispen, duftend, verwachsen mit 5 breiten Zipfeln, Staubblätter gelb. Fruchtstand überhängend, Frucht eine kugelige, blauschwarze Beere, Durchmesser 4–6 mm.

Fundort Gebüsch, Hecken, Waldränder.

Ernte und Verwendung Verwenden Sie die reifen Beeren nur gekocht, weil der Genuss von vielen rohen Beeren zu Magenbeschwerden und Durchfall führen kann. Der gekochte, dunkelviolette Saft aus den Beeren garantiert die Versorgung des Körpers mit Vitaminen in der kalten Jahreszeit. Er stärkt die Abwehrkräfte und hilft bei Erkältungen. Ein kleines Glas Holunder-Saft täglich ist ein guter Energiespender, gerade wenn Sie viel am Computer sitzen. Als Radikalfänger stärkt er Herz und Kreislauf. Wird der Saft bei Herpesinfektionen direkt auf die Bläschen getupft, nimmt er die Schmerzen und fördert das Abheilen. Ein Tee aus den im Frühsommer geernteten Blüten steigert das ganze Jahr über die Abwehrkräfte und hilft bei Erkältungskrankheiten.

> Giftiger und ungenießbarer Doppelgänger

Auf Kahlschlägen in Wäldern wächst der sehr viel kleinere **Zwerg-Holunder S. 112** (s. Abb.). Er wird höchstens 2 m hoch, seine Äste werden nicht holzig. Die Früchte sind ebenfalls schwarz, führen zu spontanem Erbrechen und Durchfall. Verwechslung ist auch denkbar mit den Beeren des **Wolligen Schneeballs S. 113.**

Hunds-Rose (Hagebutte)

Rosa canina **Rosengewächse**

H bis zu 3 m Sept.–Okt. Strauch

Merkmale Äste überhängend, mit Stacheln. Blätter beiderseits kahl, 5- bis 7-zählig gefiedert, Fiedern 2–4 cm lang, 2 cm breit. Blüten hellrosa, 5–6 cm Durchmesser, Kelchblätter mit schmalen Lappen. Frucht rot, bauchig, voller haariger Samen (Juckpulver).

Fundort Waldränder, Hecken, Gebüsch.

Ernte und Verwendung Die roten Schalen der Hagebutten enthalten mehr Vitamin C als Zitrus-Früchte und zusätzlich die Vitamine A, B1, B2, E und K sowie Mineralstoffe und Fruchtsäuren. Der Tee daraus stärkt die Abwehrkräfte in Erkältungszeiten, stillt den Durst bei fiebrigen Erkrankungen und senkt mit seiner schweißtreibenden Wirkung Fieber. Er verbessert die Sauerstoffversorgung des Körpers und reinigt das Blut. Die Kerne der Hagebutten stecken voller wertvollem Öl, das die Haut sanft pflegt und regeneriert. Ihr Aroma erinnert an Vanille. Wenn Sie sie in einer Pfanne ohne Fett erhitzen und dann im Mörser zerkleinern, können Sie damit Salat, Müsli oder Brot bereichern. Ein Tee aus den zerquetschten Kernen unterstützt die Arbeit der Nieren. Präparate aus ganzen Hagebutten sind eine Wohltat für schmerzende Gelenke und bessern die Beweglichkeit bei Arthrose.

> Ungenießbarer Doppelgänger

Die roten Beeren des **Gewöhnlichen Schneeballs S. 113** können mit den Hagebutten verwechselt werden, besonders wenn die Büsche ihre Blätter abgeworfen haben. Sie sind jedoch rund und hängen in Dolden, nicht einzeln wie die Hagebutte. Nur die unreifen, rohen Beeren, in großen Mengen gegessen, gelten als giftig.

Mahonie

Mahonia aquifolium **Sauerdorngewächse**

H 50–150 cm März–Mai Strauch

Merkmale Immergrün, buschig, ohne Dornen. Blätter unpaarig gefiedert, lederartig, Oberseite dunkelgrün glänzend, 5–9 Paare eiförmige, stachelig gezähnte bis zu 5 cm lange Teilblätter, sitzend, lang gestieltes Endteilblatt. Blüten hellgelb, nach Honig duftend, in aufrechten Trauben. Beeren dunkelblau, kugelig, erbsengroß.

Fundort Hecken, Parkanlagen.

Ernte und Verwendung Die blauen Beeren enthalten sehr viel Vitamin C und schmecken deswegen leicht sauer und sehr aromatisch. Sie lassen sich gut zu schmackhaften Marmeladen verarbeiten. Auch getrocknet sind sie ein Vitaminspeicher für den Winter. Die Nordamerikaner kochen schon seit langer Zeit Saft aus den üppig wachsenden Beeren und stellen einen Wein daraus her. Sie verwenden eine Abkochung aus der Rinde oder den Wurzeln bei Beschwerden von Galle oder Bauchspeicheldrüse. Darin sind Bitterstoffe und das Alkaloid Berberin enthalten, das auch in der Berberitze (Sauerdorn) vorkommt. Mit der gelben Farbe der Wurzeln und der Rinde färben sie Wolle und Stoffe. In der Homöopathie wird die Rinde junger Zweige aufgearbeitet und in Salben gegen Schuppenflechte verwendet.

> Giftiger Doppelgänger

Die stacheligen Blätter der Mahonie sehen den ebenfalls stacheligen Blättern der **Stechpalme S. 133** sehr ähnlich. Allerdings sind deren Blätter von dunklerem, klarerem Grün, haben eine glatte Struktur und glänzen richtig. Sobald die Pflanzen blühen oder Früchte tragen, können Sie sie nicht mehr verwechseln.

Sanddorn

Hippophaë rhamnoides **Ölweidengewächse**

H 1–4 m Mai–Juni Strauch

Merkmale Dornig, mit Wurzelausläufern. Blätter wechselständig, schmal lanzettlich, 2–6 cm lang, 3–5 mm breit, Oberseite grau punktiert, Unterseite silberweiß. Zweihäusig. Blüten nur 3 mm lang, männliche bräunlich, ungestielt, in dichten Knäueln; weibliche in kurzen, wenigblütigen Trauben. Frucht eine kugelige, korallenrote Steinfrucht.

Fundort Ufer, Dünen, kiesige Standorte.

Ernte und Verwendung Legen Sie zum Ernten ein Tuch unter den Strauch und schneiden Sie die korallenroten Beeren vorsichtig mit einer Schere ab. Beim Abstreifen würden sie platzen und Saft verlieren. Sie sind eine wahre »Multivitamintablette«. Sanddorn-Beeren enthalten im Fruchtfleisch fettes Öl und damit auch fettlösliche Vitamine wie Provitamin A, B1, B2, B6, B9, B12, die Vitamine E und K und mehr als 1000 mg Vitamin C pro 100 g. Das bedeutet, dass 10 g frische Beeren unseren Tagesbedarf an Vitamin C decken können. Damit aktivieren sie den gesamten Stoffwechsel und das Immunsystem. Sanddorn-Öl pflegt und strafft die Haut, regeneriert sie, nimmt Entzündungen und schützt vor schädlichen Strahlungen. Auch bei Ekzemen und Neurodermitis kann es hilfreich sein.

> Giftiger Doppelgänger

Zwar wächst der **Seidelbast S. 133** in ganz anderen Regionen als der Sanddorn, dessen Beeren aber sind einfach zu giftig, als dass eine Verwechslung riskiert werden könnte. Die roten Beeren des Seidelbasts führen zu extremen Haut- und Schleimhautreizungen im ganzen Körper bis hin zu einem Kreislaufkollaps.

Schlehe (Schlehdorn, Schwarzdorn)

Prunus spinosa **Rosengewächse**

H 1–4 m März–April Strauch

Merkmale Sparrig, Zweige schwarz, Dornen kräftig. Blätter oval, leicht gezahnt, 2–4 cm lang. Blüten weiß, einzeln oder in Büscheln, erscheinen vor dem Blattaustrieb. Steinfrucht kugelig, blau, bereift, mit saftigem, grünem Fruchtfleisch und großem Kern, erst nach dem Frost genießbar.

Fundort Hecken, Gebüsch, Wald- und Wegränder.

Ernte und Verwendung Wenn die Schlehen-Früchte blau werden, kann auch die Weinernte beginnen – so lautet eine alte Bauernregel. Die Früchte schmecken aber erst nach dem ersten kräftigen Frost. Sie enthalten in großen Mengen Gerbstoffe sowie Fruchtsäuren, Mineralstoffe und Vitamin C. Sie stärken bei Erschöpfungszuständen, in der Rekonvaleszenz und sind eine vitaminreiche Stärkung für das Immunsystem in Erkältungszeiten. Getrocknete Früchte, Saft oder Gelee beruhigen den gereizten Magen-Darm-Trakt, etwa nach Erbrechen oder Durchfall. Auch bei leichten Entzündungen des Zahnfleischs oder bei Zahnfleischbluten helfen diese Gerbstoffe und reinigen die Schleimhäute. Ein Tee aus den Schlehen-Blüten entschlackt und belebt im Frühjahr den wintermüden Körper.

> Giftiger Doppelgänger

Bei reifen Beeren ist eine Verwechslung mit der **Schwarzen Heckenkirsche S. 112** denkbar. Deren Beeren sind kleiner, tiefer schwarz, schmecken bitter und hängen paarweise an einem gemeinsamen, langen Stiel. Ihre Giftigkeit variiert zwar, dennoch kommen Symptome wie Bauchschmerzen und Erbrechen vor.

Weiß-Tanne

Abies alba **Kieferngewächse**

H 30 über 60 m Mai–Juli Baum

Merkmale Nadeln immergrün, 2-zeilig angeordnet, flach, kurz gestielt, unterseits 2 weiße Wachsstreifen, vorn ausgerandet. Einhäusig. Zapfen 8–12 cm lang, aufrecht stehend, nach der Reife zerfallend, die Spindel bleibt stehen. Samen 3-eckig, geflügelt.
Fundort Wälder mit tiefgründigem Boden.
Ernte und Verwendung Tannen können 600 Jahre alt und fast 70 m hoch werden. Ihre Pfahlwurzeln verankern sie fest im Boden. Heute zählen sie zu den Bäumen, die vom Waldsterben am meisten bedroht sind. Ein Spaziergang in einem Nadelwald (Fichte und Kiefer wirken ähnlich) stärkt die Lungen und desinfiziert die Atemwege. Die ätherischen Öle durchdringen schon in kleinsten Mengen die Schleimhäute, töten Bakterien ab und räumen auch in Neben-, Kiefern- und Stirnhöhlen auf. Wer bei einer Erkältung in die Badewanne mit Tannen- oder Fichtennadel-Öl steigt, wird merken, wie leicht und schnell das ätherische Öl über die Haut aufgenommen wird, den Körper durchwärmt und Erleichterung bringt. Das funktioniert auch bei Muskelschmerzen und rheumatischen Beschwerden. Auch andere Stress-Zipperlein verschwinden, denn der Duft beruhigt und stärkt die Nerven.

› Giftiger Doppelgänger

Eine Verwechslung mit der ebenfalls immergrünen **Eibe S. 111** ist denkbar und sehr gefährlich. An der Eibe ist alles giftig, mit Ausnahme des roten Samenmantels der Früchte. Wenn man den kleinen, schwarzen Samen in den roten Früchten zerbeißt – er schmeckt stark bitter –, kommt es zu Vergiftungserscheinungen.

Gewöhnlicher Wacholder

Juniperus communis **Zypressengewächse**
H 100–300 cm April–Mai Strauch

Merkmale Niederliegend bis säulenförmig, zweihäusig. Nadeln spitz, stechend, zu dritt im Wirtel, graugrün mit hellem Mittelband. Beerenzapfen reif schwarz, bläulich bereift, mit fleischigen, verwachsenen Schuppen.
Fundort Heiden, lichte Wälder, trockene Hänge.
Ernte und Verwendung »Vor dem Holunder soll man den Hut abziehen, vor dem Wacholder aber muss man in die Knie gehen«, erzählt eine alte Volksweisheit. Wacholder ist wie eine Hausapotheke. Ein Tee aus den Beeren bringt Schwung in die Verdauung, aktiviert die Nieren, reinigt den Körper von Bakterien, Viren und Pilzen und stärkt die körpereigenen Abwehrkräfte. Die Grenze vom Heilmittel zum Genussmittel ist beim Wacholder sehr fließend. In der Küche macht er Sauerkraut, Soßen, Fleisch, Wild oder Fisch bekömmlicher – nicht zu vergessen Gin und Steinhäger als begehrte Magenwärmer. Versäumen Sie es nicht, in den Raunächten die Beeren zu räuchern – aber nur diese, denn der Strauch steht unter Naturschutz. Der Rauch kurbelt Lebensenergie und Abwehrkräfte an und soll besonders prophetische Träume bringen. Schwangere Frauen sollten Wacholder jedoch meiden.

> Giftige Doppelgänger

Der **Sadebaum S. 135** (s. Abb.) oder *Stink-Wacholder* ist ein niederliegender, unangenehm riechender Strauch. Blätter an jungen Trieben nadelförmig, an älteren eher schuppenartig mit stacheliger Spitze. Alle Teile der Pflanze und besonders die Jungtriebe sind sehr giftig. Auch der ähnliche **Lebensbaum S. 135** ist sehr giftig.

Porträts zu 60 Doppelgänger-Giftpflanzen

Gefleckter Aronstab

Arum maculatum

Aronstabgewächse

> H 15–40 cm > März–Mai
> Staude > giftig

Merkmale Knolliger Wurzelstock. Blätter netznervig, lang gestielt, dunkelgrün, 10–20 cm lang, spieß- bis pfeilförmig, häufig gefleckt. Hochblatt grünlich weiß, hüllt den braunroten Kolben ein, unten kesselartig erweitert (Insektenfalle). Blütenstand ringförmig, kronblattlose Blüten, oben männliche, darüber und darunter sterile, ganz unten weibliche Blüten. Beeren scharlachrot.
Fundort Feuchte Laubmischwälder.
Wissenswertes Alle Pflanzenteile, besonders die Beeren, sind giftig. In den frischen Pflanzenteilen finden sich Oxalatkristalle, die brennende Bläschen auf Haut und Schleimhaut hervorrufen. Nach Verzehr der roten Beeren brennen Lippe und Zunge und schwellen an. Bei großer Menge kommt es zu Erbrechen und Durchfall. Meist klingen die Beschwerden ohne Folgen wieder ab. Das homöopathische *Arum* hilft bei brennenden Erkrankungen der Atemwege.

Verwechslungsmöglichkeit
Bärlauch S. 14

Götterbaum

Ailanthus altissima

Bitterholzgewächse

> H bis zu 25 m > Juni–Juli
> Strauch oder Baum > giftig

Merkmale Blätter meist unpaarig gefiedert, 40–60 cm lang, mit 4–12 Fiederpaaren, Teilblätter bis zu 10 cm lang, lanzettlich, zugespitzt, ganzrandig, am Grund oft asymmetrisch. Blüten gelblich weiß, nur 2–4 mm lang, 5-zählig, in vielblütigen Rispen. Früchte flügelförmig gedreht, grün oder gelb bis rötlich.
Fundort Parkanlagen, verwildert.
Wissenswertes Samen und Rinde sind giftig. Vergiftungen mit der Rinde zeigen sich in drastischem Durchfall, Erbrechen, Kopfschmerzen und Kältegefühl, Rückenschmerzen und Taubheit. Der Saft der Rinde reizt sehr stark die Haut. Die Heimat des Götterbaums ist China. In der chinesischen Kräutermedizin wird der Saft der Rinde – nach entsprechender Aufarbeitung – gegen Durchfall und Ruhr empfohlen. Als Straßenbaum ist er resistent gegen Salz, Luftverschmutzung und Trockenheit.

Verwechslungsmöglichkeit
Gewöhnliche Esche S. 37

Riesen-Bärenklau
Heracleum mantegazzianum
Doldenblütler

> H bis über 3 m > Juli–Sept.
> Staude > fototoxisch

Merkmale Stängel am Grund bis zu 10 cm dick. Blätter oft länger als 1 m, tief 3- oder 5-teilig, Blattränder scharf gezähnt, Unterseite kurz behaart. Blüten weiß oder gelbgrün, in großen Doppeldolden mit bis zu 50 cm Durchmesser, die äußeren mit vergrößerten Randblüten mit 1–2 cm Durchmesser, Hüllchenblätter zahlreich. Früchte 10–14 mm lang, flach, oval, borstig behaarte Randrippen.
Fundort Schuttplätze, Gebüsch, Waldränder.
Wissenswertes Die fototoxische Wirkung ist beim Riesen-Bärenklau sehr ausgeprägt. Oft reicht eine Berührung der Blätter und es tritt sofort eine Rötung ein, die durch Lichteinwirkung noch verschlimmert wird. Nach 2–3 Tagen erscheinen Blasen, sie heilen erst nach Wochen wieder ab. Manchmal hilft sofortiges Eincremen mit Sunblocker. Es ist ratsam, die Pflanze mit Respekt nur aus der Ferne zu betrachten.

Verwechslungsmöglichkeit
Große Klette S. 57

Wiesen-Bärenklau
Heracleum sphondylium
Doldenblütler

> H 50–150 cm > Juni–Sept.
> Staude > fototoxisch

Merkmale Stängel kantig gefurcht, steif borstig behaart. Grundständige Blätter einfach gefiedert, mit 3–5 meist gestielten, fiederteiligen Blättchen, rau behaart, gezähnt, sehr vielgestaltig. Dolden bis über 20 cm im Durchmesser, Blüten weiß, äußere Kronblätter asymmetrisch vergrößert, 0–3 Hüllblätter, mehrere Hüllchenblätter, meist lineal. Frucht oval, scheibenförmig, kahl, ringsum breit geflügelt.
Fundort Wiesen, Wegränder, lichte Wälder.
Wissenswertes Die jungen Sprosse und Blätter sind eine Bereicherung für die Kräuterküche im Frühjahr. Beim Sammeln ist Vorsicht geboten, weil manche Menschen auf die im Pflanzensaft enthaltenen Furanocumarine mit Rötung, Schwellung, Bläschenbildung und verstärkter Pigmentierung der Haut reagieren. Sonnenlicht verstärkt diese Reaktion. Bei Aufenthalt im Schatten klingen die Symptome ab.

Verwechslungsmöglichkeit
Meisterwurz S. 68, Wald-Engelwurz S. 34

Hecken-Kälberkropf

Chaerophyllum temulum
Doldenblütler

> H 30–100 cm > Mai–Juni
> 1-ährig > schwach giftig

Merkmale Stängel rauhaarig, an den Knoten verdickt, unten mit dunkelroten Flecken. Blätter trübgrün, 2- bis 3-fach gefiedert, riechen zerrieben nach Karotte und zugleich unangenehm. Blüten klein, weiß bis rötlich, Dolden 6- bis 12-strahlig, ohne Hülle, Hüllchen bewimpert. Frucht 5–7 mm lang, kahl.
Fundort Wegränder, Hecken, Schuttplätze.
Wissenswertes Kraut und Früchte der Pflanze enthalten das flüchtige Alkaloid Chaerophyllin. Dies ist für Menschen ungefährlich. Rinder jedoch, und besonders Schweine, fangen an zu taumeln, wenn sie die Pflanze gefressen haben, und zeigen bei hoher Dosis Lähmungserscheinungen. Der Knollige Kälberkropf oder Rübenkerbel *(Chaerophyllum bulbosum)* wird bis zu 2 m hoch und wurde wegen seiner rübenartig verdickten Wurzel sogar in Gärten angebaut. Sie wird im Winter geerntet und schmeckt süßlich.

Verwechslungsmöglichkeit
Wald-Engelwurz S. 34, Wiesen-Kerbel S. 55, Giersch S. 42

Pastinak (Wildform)

Pastinaca sativa
Doldenblütler

> H 30–100 cm > Juli–Aug.
> 2-jährig > Kraut fototoxisch

Merkmale Pflanze spärlich behaart, Stängel kantig gefurcht. Blätter einfach gefiedert, mit 3–7 Fiederpaaren und Endteilblatt. Teilblätter schmal, spitz, grob und unregelmäßig gezähnt, Hüllblätter fehlend. Blüten gelb. Frucht flach, oval, mit hartflügeligen Randrippen.
Fundort Wegränder, Ödland.
Wissenswertes Pastinak wird heute wieder wegen seiner fleischigen Rüben als Wurzelgemüse angebaut. Die Gartenform besitzt eine verdickte Wurzel mit intensiv möhrenartigem, süßlichem Geschmack. Die Wurzeln des wilden Pastinaks sind stark verholzt und deswegen nicht genießbar. Die ganze Pflanze enthält Substanzen mit fototoxischen Eigenschaften. Deswegen kann der Pflanzensaft in Verbindung mit Sonnenlicht bei empfindlichen Menschen auf der Haut Rötungen, Schwellungen, Bläschen und Pigmentverfärbungen hervorrufen.

Verwechslungsmöglichkeit
Fenchel S. 38

Hundspetersilie

Aethusa cynapium

Doldenblütler

> H 20–100 cm > Juni–Sept.
> 1-jährig > sehr stark giftig

Merkmale Pflanze kahl. Stängel rund, fein gerillt, oft rot gestreift. Blätter 2- bis 3-fach gefiedert, im Umriss 3-eckig, dunkelgrün, Unterseite stark glänzend (bei Gartenpetersilie matt), riechen zerrieben unangenehm knoblauchartig. Blüten weiß, in lockeren Dolden, Döldchen mit nach unten stehenden Hüllchen, meist viel länger als die Blütenstiele. Früchte kugelig.
Fundort Äcker, Wegränder, Hecken.
Wissenswertes Die ganze Pflanze ist giftig. Sie enthält das Alkaloid Aethusin, das dem Coniin des Schierlings ähnlich ist. Ähnlich sind auch die Symptome einer Vergiftung: Brennen im Mund, Pupillenerweiterung und Sehstörungen, gefolgt von Erbrechen, Durchfall, Krämpfen und bei starker Vergiftung Bewusstseinstrübung. Homöopathisch wird die Pflanze bei Erbrechen und Durchfall verwendet, besonders bei Milchunverträglichkeit.

Verwechslungsmöglichkeit
Wald-Engelwurz S. 34, Wiesen-Kerbel S. 55, Wiesen-Kümmel S. 60, Giersch S. 42

Gefleckter Schierling

Conium maculatum

Doldenblütler

> H 50–180 cm Juni–Sept.
> 2-jährig > sehr stark giftig

Merkmale Pflanze kahl, riecht unangenehm nach Mäuseurin. Stängel oben stark verästelt, blau bereift, unten mit braunroten oder violetten Flecken oder Streifen. Blätter 3- bis 4-fach gefiedert. Blüten trübweiß, in Dolden, Hülle rückwärts gerichtet, Hüllchen abstehend. Früchte eiförmig, flach gedrückt, wellig gerippt. Tödlich giftig.
Fundort Wegränder, Schuttplätze, Gebüsch.
Wissenswertes Die ganze Pflanze ist giftig, kurz vor der Reife ist der Gehalt der giftigen Alkaloide (Coniine) in den Samen am höchsten. Das Gift wird auch über die unverletzte Haut aufgenommen. Zuerst werden die Augenlider schwer, die Pupillen erweitern sich, Hals und Rachen brennen, Speichelfluss und Übelkeit folgen. Dann beginnt die aufsteigende Lähmung, Kälte und Gefühllosigkeit. Zuletzt kommt es zumTod durch Atemlähmung.

Verwechslungsmöglichkeit
Wald-Engelwurz S. 34, Wiesen-Kerbel S. 55, Wohlriechende Süßdolde S. 86, Giersch S. 42

Wasser-Schierling

Cicuta virosa

Doldenblütler

> H 50–150 cm > Juni–Sept.
> Staude > sehr stark giftig

Merkmale Pflanze mit hohlem, fein gerilltem Stängel und rübenförmigem, innen gefächertem Wurzelstock. Blätter 2- bis 3-fach gefiedert, untere lang, obere kurz gestielt oder sitzend, äußerste Blätter mit spitzen, nach vorn gerichteten Zähnen. Blüten weiß, Kronblätter gleich geformt, in gestielten Dolden mit reichblütigen Döldchen. Frucht eiförmig, kahl, mit gelbbraunen Rippen, die Stiele 3- bis 6-mal so lang wie die Frucht.
Fundort Teiche, Flussufer, meist im Wasser stehend.
Wissenswertes Eine der gefährlichsten Giftpflanzen. Alle Teile, vor allem Stängel und Wurzelstock, riechen nach Sellerie und sind sehr giftig. Das Kauen kleiner Wurzelstücke führt nach 30–60 Min. zu brennenden Schmerzen im Mund, lang andauerndem Erbrechen und starken Krämpfen, Bewusstlosigkeit und Atemnot bis zur Atemlähmung. Homöopathisch bei Schüttelkrämpfen und Epilepsie.

Verwechslungsmöglichkeit
Brunnenkresse S. 15

Efeu

Hedera helix

Efeugewächse

> H bis zu 20 m > Sept.–Nov.
> Strauch > schwach giftig

Merkmale Klettert mit Haftwurzeln an Bäumen und Mauern. Blätter immergrün, an nicht blühenden Teilen 3- bis 5-lappig, am Grund herzförmig, an blühenden Trieben länglich oval, Oberseite glänzend dunkelgrün mit oder ohne weißliche Zeichnung. Blüten gelbgrün mit gelben Staubbeuteln in einfacher Dolde. Beeren blauschwarz von Februar bis April.
Fundort Feuchte, schattige Wälder, Mauern.
Wissenswertes Beim Zurückschneiden des Efeus kommt es durch den Kontakt mit dem frischen Pflanzensaft häufig zu allergischen Hautreaktionen. Die Beeren sind im Frühjahr reif und schmecken bitter. Nach dem Verzehr kann es zu Erbrechen und Durchfall kommen. Besonders sind kleine Kinder gefährdet. Aus Efeu-Blättern hergestellte Fertigarzneien sind sehr gute Hustenmittel. Sie helfen bei Reizhusten, Hustenkrämpfen und starker Verschleimung.

Verwechslungsmöglichkeit
Gundelrebe S. 45

Eibe
Taxus baccata
Eibengewächse

> H bis zu 20 m > März–April
> Baum > sehr stark giftig

Merkmale Immergrün, Nadeln 2-zeilig angeordnet, stachelspitzig, Oberseite dunkelgrün, glänzend, Unterseite hellgrün. Zweihäusig. Männliche Blüten in Knäueln, weibliche einzeln an kurzen Zweigen in Blattwinkeln. Früchte beerenartig, rot, die Samen von einem fleischigen Wulst umgeben.
Fundort Schattige, windgeschützte Waldhänge.
Wissenswertes Das Wort *toxisch*, also *giftig*, leitet sich vom lateinischen Namen *Taxus* ab. Schon nach Einnahme weniger Nadeln kommt es zu Erbrechen, Koliken, Pupillenerweiterung, Bewusstseinsstörungen, Schädigung des Herzmuskels und Tod durch Atemlähmung. Aus der Rinde der Pazifischen Eibe *(T. brevifolia)* wurde Taxol gewonnen, ein Wirkstoff, der das Tumorwachstum hemmt. Er wird mittlerweile synthetisch hergestellt und ist besonders bei Brust-, Lungen- und Eierstockkrebs wirksam.

Verwechslungsmöglichkeit
Tanne S. 102

Rote Heckenkirsche
Lonicera xylosteum
Geißblattgewächse

> H bis zu 2 m > April–Mai
> Strauch > schwach giftig

Merkmale Blätter eilanzettlich bis breit eiförmig, ganzrandig, beiderseits weich behaart, Unterseite heller grün, 2–6 cm lang, 1- bis 2-mal so lang wie breit. Blüten paarweise auf gemeinsamem Stiel, dieser 1- bis 2-mal so lang wie die Blüten. Krone erst weißlich, später hellgelb, manchmal rosa überlaufen. Früchte leuchtend rote Beeren, paarweise vereint, aber nicht verwachsen.
Fundort Waldränder, Gebüsch, Hecken.
Wissenswertes Die Beeren der Roten Heckenkirsche werden in der Literatur gemeinhin als giftig bezeichnet. Doch die umfangreichen Erfahrungen der Toxikologischen Informations-Zentren in Berlin und Zürich zeigen, dass nur nach Verzehr größerer Mengen (etwa 30) der bitter schmeckenden Beeren Symptome wie Leibschmerzen und Erbrechen vorkamen. Die Giftigkeit ist sehr abhängig vom Standort. Kleine Kinder reagieren natürlich besonders empfindlich.

Verwechslungsmöglichkeit
Eberesche S. 95

Schwarze Heckenkirsche

Lonicera nigra

Geißblattgewächse

> H bis zu 1,5 m > Mai–Juni
> Strauch > schwach giftig

Merkmale Blätter lanzettlich, 3–6 cm lang, 2- bis 3-mal so lang wie breit, ganzrandig, junge Blätter zerstreut behaart, später verkahlend, Unterseite heller grün. Blüten paarweise, Stiel 3- bis 4-mal so lang wie die Blüten. Krone weiß, rosa überlaufen. Früchte blauschwarze Beeren, nur am Grund paarweise verwachsen.
Fundort Nadelwälder, Grün-Erlen-Bestände.
Wissenswertes Die Beeren verlocken nicht so sehr zum Verzehr wie die der Roten Heckenkirsche. Dennoch probieren Kinder diese Früchte immer wieder. Die Giftigkeit der roten und schwarzen Beeren ist vergleichbar. Die umfangreichen Erfahrungen der Toxikologischen Informations-Zentren in Berlin und Zürich zeigen, dass nur nach Verzehr größerer Mengen (etwa 30) der bitter schmeckenden Beeren Symptome wie Leibschmerzen und Erbrechen vorkamen. Die Giftigkeit variiert stark je nach Standort.

Verwechslungsmöglichkeit
Schlehe S. 101

Zwerg-Holunder (Attich)

Sambucus ebulus

Geißblattgewächse

> H bis zu 2 m > Juni–Juli
> Strauch > giftig

Merkmale Pflanze mit kriechendem Rhizom, riecht abstoßend. Zweige nicht holzig. Blätter unpaarig gefiedert, mit 3–4 Fiederpaaren, Teilblätter lanzettlich, lang zugespitzt, fein und regelmäßig gezähnt. Blüten in wenig gewölbten, doldigen Rispen, Krone weißgelblich, Staubblätter dunkelrot. Fruchtstand aufrecht. Frucht eine schwarze Beere, Durchmesser 5–7 mm.
Fundort Waldkahlschläge, Gebüsch, Hänge.
Wissenswertes Giftig sind besonders die Samen in den schwarzen Früchten. Sie führen zu spontanem Erbrechen, Übelkeit und blutigem Durchfall. Je nach individueller Disposition können sie besonders bei Kindern heftiges Erbrechen auslösen. Dafür verantwortlich sind harzartige Stoffe in den Samen. Durch Kochen werden sie zerstört. Das gekochte Mus aus den Früchten diente früher als Abführmittel – allerdings mit drastischer Wirkung.

Verwechslungsmöglichkeit
Schwarzer Holunder S. 97

Gewöhnlicher Schneeball
Viburnum opulus
Geißblattgewächse

> H 2–4 m > Beeren ab Sept.
> Strauch > ungenießbar

Merkmale Rinde gelbgrau, längsrissig. Zweige und Blätter kahl. Blätter 3-lappig, mit nach vorn gerichteten, grob gezähnten Abschnitten. Blüten weiß, in doldigen Rispen – wie später auch die Beeren –, mit stark vergrößerten, sterilen Randblüten. Beeren kugelig, leuchtend rot, Durchmesser 8–10 mm.
Fundort Hecken, Waldränder, Auwälder
Wissenswertes Rinde und Blätter dieses Strauchs sind giftig. Ein konzentrierter Extrakt daraus würde zu Erbrechen, Herzrhythmusstörungen und Entzündungen der Verdauungsorgane führen. Die Beeren galten lange Zeit ebenfalls als giftig, doch ist diese Einschätzung heute überholt. Allenfalls reagieren kleine Kinder auf rohe und unreife Beeren mit Übelkeit und Durchfall. Die Osteuropäer jedoch kochen aus den Beeren gern Marmelade oder Saft und verzehren sie, um Magen und Herz zu stärken.

Verwechslungsmöglichkeit
Hunds-Rose (Hagebutte) S. 98

Wolliger Schneeball
Viburnum lanata
Geißblattgewächse

> H bis zu 5 m > Mai
> Strauch > ungenießbar

Merkmale Jüngste Triebe und Blattunterseite dicht filzig, sternartig behaart. Blätter oval oder breit eiförmig, regelmäßig fein gezähnt, runzelig, bis zu 12 cm lang. Blüten in vielblütigen Dolden, bis zu 10 cm Durchmesser. Krone weiß, mit 5 breit abgerundeten Zipfeln. Frucht eiförmig, etwas abgeflacht, erst rot, dann schwarz, 7–9 mm lang.
Fundort Hecken, Gebüsch, Waldränder
Wissenswertes Die unreifen Beeren sind rot und verfärben sich später schwarz. Sie gelten als »giftverdächtig«. Es sind jedoch seit über 100 Jahren keine ernsthaften Vergiftungen mehr bekannt geworden, obwohl Kinder immer wieder von ihnen probieren. Wenn sie unreif und in großer Menge gegessen werden, kann dies jedoch Erbrechen und Durchfall auslösen. Doch auch das ist individuell sehr unterschiedlich. Blätter und Rinde können zu Entzündungen der Verdauungsorgane führen.

Verwechslungsmöglichkeit
Schwarzer Holunder S. 97

Giftiger Hahnenfuß
Ranunculus sceleratus
Hahnenfußgewächse

> H 20–50 cm > Juni–Sept.
> Staude > schwach giftig

Merkmale Kahl, aufrecht, reichblütig. Stängel hohl. Untere Stängelblätter lang gestielt, leicht fleischig glänzend, 3- bis 5-teilig. Obere Blätter sitzend, bis zum Grund 3-teilig. Blüten hellgelb, 0,5-1 cm groß. Fruchtköpfchen länglich-walzenförmig, mit 70–100 Früchtchen.
Fundort Nasse Ufer, Gräben, Teiche.
Wissenswertes Diese Art ist die giftigste der heimischen Hahnenfuß-Arten. Bei bloßer Berührung mit der Haut kann es zu Jucken, Rötung und Schwellung mit Blasenbildung kommen. Bei intensivem Kontakt wird das Hautgewebe zerstört und es bilden sich Furunkel. In Dänemark hat die Pflanze den Beinamen *Bettlerkraut*. Bettler rieben sich an gut sichtbaren Hautstellen mit dem Pflanzensaft ein, bis Ausschlag und Wunden entstanden, damit sie Mitleid erregten. Homöopathisch bei Bläschenausschlag, Leberstörung und Rheuma.

Verwechslungsmöglichkeit
Sanikel S. 78

Scharfer Hahnenfuß
Ranunculus acris
Hahnenfußgewächse

> H 20–80 cm > April–Sept.
> Staude > schwach giftig

Merkmale Reich verzweigt, anliegend behaart oder kahl, Blütenstiel rund. Blätter fast bis zum Grund 3-teilig. Kelchblätter unter den Kronblättern anliegend. Blüte glänzend gelb.
Fundort Wiesen, Weiden, Wegränder.
Wissenswertes Alle Hahnenfuß-Arten enthalten Protoanemonin, mit dem sie sich vor Pilzbefall schützen. Bei Mensch und Tier reizt dieser Stoff die Haut und erzeugt manchmal Blasen. Er ist einer der Auslöser der Wiesendermatitis. Wenn Kinder diese Pflanzen essen, kann es zu Brennen in Mund und Rachen, Erbrechen und Durchfall kommen. Das Weidevieh lässt diese Pflanze stehen. Im Heu stört sie nicht mehr, denn das Protoanemonin zerfällt beim Trocknen. Von diesem Heu geben die Kühe dann besonders fette Milch – daher der Name *Butterblume*. In der Homöopathie bei Rheuma, Hautausschlägen und Neuralgien.

Verwechslungsmöglichkeit
Blutwurz S. 28, Sanikel S. 78

Scharbockskraut

Ranunculus ficaria
Hahnenfußgewächse

> H 5–15 cm > März–April
> Staude > schwach giftig

Merkmale Pflanze mit Wurzelknollen. Stängel niederliegend, in den unteren Blattwinkeln nach der Blütezeit kugelige Brutknöllchen. Blätter rundlich bis herzförmig, gestielt, dunkelgrün glänzend. Blüten buttergelb, 8–12 Blütenblätter, meist 3 Kelchblätter.
Fundort Feuchte, nährstoffreiche Standorte, Auenwälder, Feuchtwiesen, Bachufer.
Wissenswertes Erst wenn die Pflanze blüht, bilden sich auch in den Blättern Scharfstoffe (Protoanemonine), die bei empfindlichen Menschen Schleimhäute in Mund, Magen und Nieren reizen können. Daher sollten Sie die jungen Blätter nur im frühen Frühjahr und vor der Blüte ernten. Zu dieser Zeit enthalten sie viel Vitamin C und sind eine Bereicherung für die Wildkräuterküche im Frühjahr. Eine Handvoll pro Tag wird meistens gut vertragen. Beim Trocknen gehen die Scharfstoffe verloren und werden unschädlich.

Verwechslungsmöglichkeit
Knoblauchsrauke S. 18

Acker-Rittersporn

Consolida regalis
Hahnenfußgewächse

> H 20–50 cm > Juni–Sept.
> 1-jährig > giftig

Merkmale Pflanze sparrig ästig. Blätter ein- bis mehrfach 3-zählig zerschlitzt. Blüten blau, in lockerer, wenigblütiger Traube. Blüten 2-seitig symmetrisch, das oberste Blütenblatt mit langem, an der Spitze abwärts gebogenem Sporn. Samen in Balgkapsel.
Fundort Getreideäcker, Brachland.
Wissenswertes Der Acker-Rittersporn ist durch Pestizide selten geworden. Blätter, Stängel und besonders die Samen sind schwach giftig. Die Samen enthalten Alkaloide, die mit denen des Blauen Eisenhuts verwandt sind. Sie wirken aber weitaus schwächer. Vergiftungen zeigen sich in Form von Übelkeit, Herzrhythmusstörungen, Erregung, Krämpfen. Äußerlich ruft der Pflanzensaft Hautreizungen hervor. Die wunderschönen, blauen Blüten schmückten die Kornfelder. Sie enthalten keine Giftstoffe und können die harntreibende Wirkung von Blasen- und Nierentees unterstützen.

Verwechslungsmöglichkeit
Kornblume S. 59

Busch-Windröschen

Anemone nemorosa
Hahnenfußgewächse

> H 10–20 cm > März–Mai
> Staude > schwach giftig

Merkmale Stängel im obersten Drittel mit einem Quirl von 3 gestielten, 3-teiligen Hochblättern, deren Abschnitte tief 3- bis 5-zählig und grob gezähnt. Blüten weiß, außen oft rosa, meist einzeln, Durchmesser 2–3 cm, 6–8, selten 12 Blütenblätter. Früchtchen dicht kurzhaarig.
Fundort Wälder, Gebüsch, Wiesen.
Wissenswertes Als Frühlingsboten bedecken sie mit ihren weißen Blüten und frischem Grün den Boden in noch blattlosen Laubwäldern. Sehr schnell verschwinden sie auch wieder und ziehen sich in ihr weit verzweigtes unterirdisches Rhizom zurück. Alle Pflanzenteile enthalten Protoanemonin, das die Haut reizt, zu Rötungen mit Juckreiz und schließlich zu Bläschenbildung führen kann. Beim Trocknen zersetzt sich diese Verbindung und wird unwirksam. Das frisch zerquetschte Kraut wurde früher auf rheumatische und schmerzende Gelenke gelegt.

Verwechslungsmöglichkeit
Sauerklee S. 80

Hanf

Cannabis sativa
Hanfgewächse

> H 0,3–2,5 m > Juli–Okt.
> Staude > giftig

Merkmale Blätter 5- bis 9-zählig gefingert, lang gestielt, Blättchen scharf gezähnt. Blütenstände rispig, endständig, teilweise beblättert. Blüten zweihäusig, achsel- und endständig, unscheinbar grünlich. Frucht eiförmige Nüsschen.
Fundort Unkrautfluren.
Wissenswertes Die Pflanze liefert Marihuana – die getrockneten Spitzen der weiblichen Blütenstände – und Haschisch – das von der Pflanze gewonnene Harz. Hauptwirkstoff ist Tetrahydrocannabinol (THC), das Rauschzustände hervorruft. Zur Faser- und Ölgewinnung dürfen einige Bauern THC-freie Hanfsorten anbauen. Die Samen von Nutzhanf unterliegen keinen Beschränkungen. Als Medikament fällt THC unter das Betäubungsmittelgesetz. Es wird bei Krebskranken als Schmerzmittel und gegen die Nebenwirkungen einer Chemotherapie eingesetzt. Verkehr, Besitz oder Nutzung der Droge sind strafbar.

Verwechslungsmöglichkeit
Wasserdost S. 89

Gewöhnliche Rauschbeere
Vaccinium uliginosum
Heidekrautgewächse

> H 20–50 cm > Mai–Juni
> Strauch > schwach giftig

Merkmale Junge Zweige braun, rund, nie geflügelt. Blätter verkehrt eiförmig, ganzrandig, oben blaugrün, unten graugrün. Blüten weiß, zu 2–3 in den Blattwinkeln, Stiele länger als Blüten. Frucht blau, Fruchtfleisch und Saft hell, schmecken fad.
Fundort Zwergstrauchheiden, Waldmoore, alpin.
Wissenswertes Die Früchte der Rauschbeere sehen den Heidelbeeren auf den ersten Blick sehr ähnlich. Auf den Beeren wächst ein schmarotzender Pilz, der dafür verantwortlich ist, dass nach übermäßigem Genuss der rohen Beeren rauschartige Zustände und Schwindel beobachtet wurden. In der Volksheilkunde wurden die Beeren ähnlich wie Heidelbeeren gegen Durchfall und bei Blasenproblemen verwendet. Die Bewohner des östlichen Sibiriens gerben mit den Blättern Tierfelle und brennen aus den Beeren einen kräftigen Schnaps.

Verwechslungsmöglichkeit
Heidelbeere S. 47

Amerikanische Kermesbeere
Phytolacca americana
Kermesbeerengewächse

> H 100–200 cm > Juli–Aug.
> Strauch > giftig

Merkmale Stängel aufrecht, verzweigt, gefurcht, kahl, grün oder weinrot überlaufen. Blätter bis zu 25 cm lang, eiförmig, mit welligem, glattem Rand, kurz gestielt, wechselständig. Blüten in langen, schmalen Trauben, zuerst hellgrün bis weiß, später rot, meist mit 10 Staubblättern. Frucht eine 10-fächrige und 10-rippige Beere, dunkelrot bis schwarz. Fruchtstand hängend.
Fundort Hecken, Schuttplätze, Weinberge.
Wissenswertes Wurzeln und Samen sind die giftigsten Pflanzenteile. Reife Beeren sind weniger giftig als unreife. Kleine Kinder müssen nach dem Verzehr schnell erbrechen. Die individuelle Empfindlichkeit gegenüber der Kermesbeere ist sehr unterschiedlich. In der Homöopathie werden die Wurzeln genutzt, und *Phytolacca* wird bei grippalem Infekt, Erkrankungen des Lymphsystems, Entzündung der Brustdrüsen oder akutem Gelenkrheuma verwendet.

Verwechslungsmöglichkeit
Brombeer-Beeren S. 94

Krauser Ampfer
Rumex crispus
Knöterichgewächse

> H 40–100 cm > Juni–Aug.
> Staude > ungenießbar

Merkmale Staude mit kantigem Stängel. Grundständige und untere Blätter lanzettlich, bis zu 40 cm lang, oft spitz, am Rand wellig kraus. Seitenäste des Blütenstands nicht oder wenig verzweigt, Blüten grün, Blätter der Blütenhülle herzförmig, ganzrandig, nur eines mit blasiger Verdickung.
Fundort Wegränder, Nassweiden, Grasplätze.
Wissenswertes Die Pflanze ist auf Weiden gut zu erkennen, denn die Tiere meiden ihre großen Blätter. Diese enthalten Gerbstoffe, Oxalsäure und Oxalate, die zu Hautreizungen und Magenbeschwerden führen können. Wer so mutig ist, sie zu probieren, wird sie ziemlich schnell wieder ausspucken. Die Wurzeln wurden früher als Abführmittel verwendet, sie enthalten Anthrachinone. Die reifen Samen hingegen sind ein altes Hausmittel und helfen Mensch und Tieren bei Durchfall.

Verwechslungsmöglichkeit
Meerrettich S. 67, Großer Sauerampfer S. 79

Gemswurz-Greiskraut
Senecio doronicum
Korbblütler

> H 20–50 cm > Juli–Aug.
> Staude > giftig

Merkmale Ganze Pflanze zerstreut bis dicht flockig behaart. Blätter länglich eiförmig bis lanzettlich, buchtig gezähnt, untere in einen Stiel verschmälert, obere sitzend, wechselständig. Blütenköpfe meist 1–5, Durchmesser bis zu 6 cm, mit 10–20 gold- bis orangegelben Zungenblüten mit ungezähntem Rand und gelben Röhrenblüten. Früchte mit langem, weißem Pappus.
Fundort Steinige Rasen, felsige Hänge, kalkliebend.
Wissenswertes In mehr als 100 Greiskraut-Arten fand man Pyrrolizidin-Alkaloide (PA). Diese können in hohen Dosen Leberschäden und Krebs erzeugen. Vergiftungssymptome treten erst nach Wochen oder Monaten auf und sind uncharakteristisch: Appetitlosigkeit, Mattigkeit, Leibschmerzen. Bei zunehmender Auszehrung schwillt der Unterleib an, es entstehen Ödeme, möglicherweise Lungenschäden, später Leberzirrhose.

Verwechslungsmöglichkeit
Arnika S. 23

Gewöhnliches Greiskraut
Senecio vulgaris
Korbblütler

> H 10–30 cm > Jan.–Dez.
> 1-jährig > giftig

Merkmale Blätter und Stängel kahl oder zerstreut spinnwebig behaart. Blätter buchtig gelappt, oft etwas fleischig. Blüten in walzigen Köpfchen, in unregelmäßigen Rispen, Durchmesser 0,5–1 cm, meist keine Zungenblüten, Röhrenblüten gelb, Kelch eng anliegend, mit 8–10 äußeren, an der Spitze schwarzen Hüllblättern. Früchte mit 5 mm langem, weißem Pappus.
Fundort Äcker, Gärten, unbebaute Flächen.
Wissenswertes Die Pflanze ist ein häufiges Gartenunkraut, das dank seiner unendlich vielen Samen auch niemals auszurotten ist. Es ist an seinen charakteristisch geformten Blättern leicht zu erkennen. In längst vergangenen Zeiten war das Kraut zur Behandlung von eitrigen Geschwüren geschätzt. Doch wie das Gemswurz-Greiskraut (siehe S. 118) enthält es Pyrrolizidin-Alkaloide, die in hohen Dosen Leberschäden und Krebs hervorrufen können.

Verwechslungsmöglichkeit
Rucola als Salatpflanze S. 77

Jakobs-Greiskraut
Senecio jacobea
Korbblütler

> H 30–100 cm > Juni–Aug.
> 2-jährig/Staude > giftig

Merkmale Blätter kahl oder zerstreut spinnwebig, ungleich geteilt, obere fiederschnittig, mit rechtwinklig abstehenden oder nach vorn gerichteten Abschnitten, untere zur Blütezeit oft verdorrt, mit großem Endlappen oder ungeteilt. Köpfe zahlreich, in doldiger Rispe. Durchmesser 1,5–2 cm. Zungenblüten 12–15, wie die Röhrenblüten gelb. Pappus etwa 4 mm lang, weiß.
Fundort Weiden, Wald, Straßenränder.
Wissenswertes Wie das Gemswurz-Greiskraut S. 118 enthält die Pflanze Pyrrolizidin-Alkaloide. Akute Vergiftungen wurden beim Menschen bisher nicht bekannt. Weidetiere meiden die Pflanze. Ist sie aber in Heu oder Silage in größeren Mengen enthalten, treten chronische Vergiftungen auf, die oft tödlich enden. Vor allem Pferde und Rinder sind gefährdet, Schafe und Ziegen scheinen weniger empfindlich zu sein. Homöopathisch hilft das Kraut bei Gebärmutterblutungen.

Verwechslungsmöglichkeit
Echtes Johanniskraut S. 51, Echte Goldrute S. 43

Gewöhnliche Pestwurz
Petasites hybridus
Korbblütler

> H 20–100 cm > März–April
> Staude > giftig

Merkmale Blütenköpfchen rötlich, wachsen direkt aus dem Rhizom, erscheinen vor den Blättern, stehen in walzenartiger Traube am Ende des schuppigen Stängels. Blätter später im Jahr bis über 60 cm breit, rhabarberähnlich. Leitbündel im Stängelquerschnitt zerstreut. Früchte mit weißem Pappus.
Fundort Bach- und Flussufer, Schwemmböden.
Wissenswertes Besonders die Wurzeln, weniger die Blätter der Pestwurz enthalten stark wechselnde Mengen an Pyrrolizidin-Alkaloiden, von denen lebertoxische und kanzerogene Wirkungen bekannt sind. Eine toxische Wirkung ist bei hoch dosierter Einnahme über längere Zeit möglich. Mittlerweile wurden pyrrolizidinfreie Sorten gezüchtet. Extrakte daraus lösen Krämpfe, stillen Schmerzen und hemmen Entzündungen. Man setzt sie heute vermehrt bei Migräne, Allergien und Heuschnupfen ein.

Verwechslungsmöglichkeit
Huflattich S. 17, Große Klette S. 57

Mutterkraut
Tanacetum parthenium
Korbblütler

> H 30–60 cm > Juni–Aug.
> Staude > allergen

Merkmale Stängel aufrecht, etwas behaart. Blätter gelbgrün, fiederschnittig, 3–6 Abschnitte auf jeder Seite, grob und stumpf gezähnt, im unteren Stängelabschnitt gestielt, oben ungestielt. Blütenköpfe 1,5–2 cm groß, in einer lockeren, doldigen Traube, Zungenblüten weiß, Röhrenblüten gelb.
Fundort Verwildert an Wegrändern, Hecken.
Wissenswertes Mutterkraut ist fast das ganze Jahr über im Garten zu finden. Seine Blätter schmecken bitter. Sie haben ein relativ hohes Potential, Allergien auszulösen. Dennoch wird in den letzten Jahren immer mehr seine Fähigkeit anerkannt, bei regelmäßiger Anwendung die Schmerzen von Migräne, Kopfschmerzen und Trigeminusneuralgie zu nehmen. Das blühende Kraut hilft auch bei leichten fiebrigen Erkrankungen, die durch Viren ausgelöst sind. Schwangere sollten Mutterkraut meiden.

Verwechslungsmöglichkeit
Echte Kamille S. 52

Rainfarn
Tanacetum vulgare
Korbblütler

> H 40–120 cm > Juli–Sept.
> Staude > giftig

Merkmale Stängel aufrecht, kräftig, gerillt, nur oben verzweigt. Blätter fiederteilig, Fiedern tief eingeschnitten, gesägt. Blüten intensiv gelb, nur Röhrenblüten, zu mehreren in Doldenrispe am Ende des Stängels. Aromatischer Duft beim Zerreiben.
Fundort Sonnige Böschungen, Schuttplätze, Wegränder.
Wissenswertes Der aromatische Duft der Pflanze rührt von ihrem ätherischen Öl her, das zum großen Teil Thujon enthält. Thujon ist ein Nervengift und schädigt die Nerven unwiederbringlich. Es wurde früher als Wurmmittel verwendet. Bei zu hoher Dosierung kommt es zu irreversiblen Lähmungen, begleitet von Krämpfen bis zur Atemnot sowie zu dauerhaften Schäden von Leber, Nieren und Magen. Die Pflanze wird homöopathisch bei Menstruationsstörungen, Epilepsie und drohender Fehlgeburt verwendet.

Verwechslungsmöglichkeit
Kanadische Goldrute S. 44, Gänse-Fingerkraut S. 39

Beifußblättr. Traubenkraut
Ambrosia artemisiifolia
Korbblütler

> H 20–90 cm > Aug.–Okt.
> 1-jährig > allergen

Merkmale Stängel abstehend behaart, verzweigt, oft rötlich. Blätter gestielt, doppelt fiederspaltig. Blütenstände grünlich gelb, Blüten klein, nur Röhrenblüten, männliche in ährigen Trauben, nickend, weibliche unterhalb der männlichen, zu wenigen in den Blattwinkeln. Fruchthülle stachelig. Früchte ohne Pappus.
Fundort Wegränder, Schuttplätze, Äcker.
Wissenswertes Die Pflanze ist ein Einwanderer aus Nordamerika, der sich auch bei uns immer weiter ausbreitet. Sie kann mit ihren relativ kleinen Pollen Allergien und Asthma auslösen und wird deswegen gefürchtet. Die Samen verbreiten sich mit dem Saatgut für Felder und Garten und sind im Vogelfutter für den Winter enthalten. Ursprünglich ist sie eine Heilpflanze der Indianer, die es bei Durchfall, Blutungen und Schmerzen einsetzten. Auch Erkältungen kurierten sie damit.

Verwechslungsmöglichkeit
Gewöhnlicher Beifuß S. 25

Purgier-Kreuzdorn

Rhamnus cathartica

Kreuzdorngewächse

> H 100–300 cm > Mai–Juli
> Strauch > giftig

Merkmale Zweige laufen oft in einen Dorn aus. Blätter gegenständig, breit-oval oder rundlich, fein gezähnt, bis zu 6 cm lang, oft mit aufgesetzter Spitze, auf jeder Seite 3–4 nach vorn gebogene Seitennerven. Blüten gelbgrün, 4- oder5-zählig, in kleinen Büscheln in den oberen Blattwinkeln. Frucht eine schwarze, kugelige Beere.
Fundort Hecken, Waldränder, Gebüsch.
Wissenswertes Die unreifen erbsengroßen Beeren und die Rinde können Magenkrämpfe, Erbrechen und Durchfall bewirken. Möglicherweise verändern sie auch unser Erbgut in den Genen. Sie wurden im Mittelalter zum »Purgieren« verwendet – das ist eine sehr drastische Methode, den Körper über alle Ausscheidungswege zu reinigen (Erbrechen, Durchfall, Schwitzen und vermehrte Harnausscheidung). Früchte, Blätter und Rinde färben Wolle in ein helles Gelbgrün. Die Früchte lieferten das »Saftgrün« der Maler.

Verwechslungsmöglichkeit
Faulbaum S. 96

Zweihäusige Zaunrübe

Bryonia dioica

Kürbisgewächse

> H 200–400 cm > Juni–Sept.
> Staude > stark giftig

Merkmale Stängel kletternd, rauhaarig, mit korkenzieherartigen Ranken. Blätter 5-lappig, bis über die Mitte handförmig geteilt. Männliche Blütenstände gestielt, weibliche fast sitzend in den Blattachseln. Blüten weiß und grün gestreift, 5-zipflig, Kelchzähne halb so lang wie die Krone. Beeren rot. Ähnlich ist die Weiße Zaunrübe *(B. alba)*, ihre Beeren sind jedoch schwarz.
Fundort Hecken, Zäune, Waldrand.
Wissenswertes Die ganze Pflanze ist stark giftig, besonders der rübenförmige Wurzelstock und die Beeren. Der Saft frischer Wurzeln erzeugt auf der Haut schmerzhafte Entzündungen mit Blasenbildung. Die Beeren brennen im Mund, führen zu Erbrechen und Magenbeschwerden, blutigem Durchfall, Nierenschäden und in schweren Fällen zu Atemlähmung. Hilft als homöopathisches Heilmittel bei akuten fiebrigen und rheumatischen Erkrankungen.

Verwechslungsmöglichkeit
Hopfen S. 50

Weißer Germer
Veratrum album
Liliengewächse

> H 50–150 cm > Juni–Aug.
> Staude > sehr stark giftig

Merkmale Stängel kräftig, aufrecht. Blätter auf der Unterseite flaumig behaart, schraubig angeordnet, entlang der parallelen Nerven in Längsrichtung gefaltet. Blüten gelblich grün, Blütenstand eine dichte, endständige, 30–60 cm lange Rispe.
Fundort Feuchte Wiesen und Weiden, Flachmoore.
Wissenswertes Die Pflanze ist in allen Teilen giftig. Zu Vergiftungen kommt es, wenn sie mit Enzian verwechselt und die Wurzel gekaut wird. 1–2 g der getrockneten Wurzeln können tödlich sein. Gefährlich ist auch die Verwechslung mit der ähnlichen Baldrian-Wurzel. Die Vergiftung zeigt sich nach wenigen Minuten durch Brennen im Mund und Niesanfälle (»Nieswurz«), gefolgt von Taubheit am ganzen Körper, Durchfall, Kältegefühl, Arrythmien und Kollaps. Homöopathisch wird sie bei Durchfallerkrankungen, Schwäche von Herz-Kreislauf- und Nervensystem eingesetzt.

Verwechslungsmöglichkeit
Gelber Enzian S. 35, Arznei-Baldrian S. 24

Herbst-Zeitlose
Colchicum autumnale
Zeitlosengewächse

> H 5–25 cm > Aug.–Okt.
> Staude > sehr stark giftig

Merkmale Zwiebelknolle unterirdisch. Blüten lila, meist einzeln, mit 6 länglichen Blütenblättern, unten schmaler, zu einer Röhre verwachsen, 6 Staubblätter. Blätter ungestielt, dunkelgrün mit weißlicher Blattscheide, breit lanzettlich, 25–30 cm lang, fest, erscheinen im Frühjahr ineinandergedreht aus der Zwiebel. Samenkapsel länglich eiförmig, inmitten der Blätter, Samen zahlreich.
Fundort Feuchte und Fettwiesen, Auwälder.
Wissenswertes Alle Teile sehr stark giftig (Colchizin), vor allem Knolle und Samen. Symptome treten erst nach 2–6 Stunden auf und zeigen sich in heftigem Erbrechen, das auch nach Magenentleerung nicht aufhört, in großem Durst, übel riechenden Durchfällen, hohem Puls und schließlich Lähmungserscheinungen bis zum Herzstillstand. Wird homöopatisch bei Gicht, akuter Herzentzündung und Darmkrämpfen eingesetzt.

Verwechslungsmöglichkeit
Bärlauch S. 14

Maiglöckchen
Convallaria majalis
Spargelgewächse

> H 10–25 cm > Mai–Juni
> Staude > stark giftig

Merkmale Wurzelstock verzweigt, dünn. Stängel kahl, mit 2 gestielten Blättern, den Stängel mit einer langen Blattscheide umfassend, fast gegenständig. Blätter elliptisch, parallelnervig, Ober- und Unterseite glänzend. Blüten weiß, glockig, mit 6 kurzen Zipfeln, in einseitswendiger Traube, duftend. Frucht rote Beere.
Fundort Laubwälder, tiefgründige Böden.
Wissenswertes Alle Teile sind stark giftig. Sie enthalten herzwirksame Glykoside und Steroidsaponine, die aber nach oraler Aufnahme nur zu etwa 10% resorbiert werden. Deshalb und wegen des bitteren Geschmacks kommt es kaum zu schwerwiegenden Vergiftungen. Rasch einsetzendes Erbrechen verringert die Vergiftungsgefahr. Bei höherer Dosis folgen Herzstolpern, Muskelkrämpfe, beschleunigter Puls mit vermindertem Blutdruck, Atemlähmung und Herzstillstand. Homöopathisch bei nervösen Herzstörungen.

Verwechslungsmöglichkeit
Bärlauch S. 14

Salomonssiegel
Polygonatum odoratum
Spargelgewächse

> H 20–40 cm > Mai–Juni
> Staude > giftig

Merkmale Pflanze kahl. Stängel gebogen, kantig, unverzweigt, bis zur Spitze 2-zeilig beblättert. Blätter eiförmig, zugespitzt, ungestielt, wechselständig. Blüten weiß mit grünlichen Zipfeln, 1–2 cm lang, glockig, duftend, zu 1–2 in aus den Blattachseln hängenden Blütenständen. Reife Beeren schwarzblau, bereift.
Fundort Trockene, lichte Wälder, Gebüsch.
Wissenswertes Die ganze Pflanze, vor allem die erbsengroßen, blauschwarzen Beeren sind giftig. Der hohe Gehalt an Steroid-Saponinen der Samen kann Ursache von leichten Vergiftungen sein. Andere Arten des Salomonssiegels sind nicht so giftig. Vergiftungssymptome sind Übelkeit, Erbrechen und Durchfall. Die russische Volksmedizin verwendet die zerstampfte Wurzel als Brechmittel. In der Homöopathie dient *Polygonatum* zur Behandlung von Narbenwucherungen und störenden Sommersprossen.

Verwechslungsmöglichkeit
Bärlauch S. 14

Polei-Minze
Mentha pulegium
Lippenblütler

> H 10–50 cm > Juli–Sept.
> Staude > schwach giftig

Merkmale Stängel oft am Boden liegend, verzweigt, fast kahl. Blätter gegenständig, kurz gestielt, nur 1–3 cm lang und 0,3–1 cm breit, ganzrandig, riechen scharf aromatisch. Blüten quirlartig in den Achseln der 5–15 obersten Blattpaare stehend, rosa, 5–7 mm lang, mit 4 gleich langen Zipfeln, nie in ährenförmigen oder runden Blütenständen am Stängelende. Kelch 2 lippig, mit bärtigem Schlund. Selten.
Fundort Feuchte Wiesen, Sümpfe, Ufer.
Wissenswertes Hauptkomponente im ätherischen Öl der Pflanze ist das giftige Pulegon. Vergiftungen zeigen sich durch Erbrechen, Blutdruckanstieg und narkoseartige Lähmungen. Geschädigt werden sowohl Leber als auch Lunge. Vergiftungen wurden nach Missbrauch als Abtreibungsmittel bekannt. Der Duft der Pflanze hält an Sommerabenden Stechmücken und andere Insekten fern.

Verwechslungsmöglichkeit
Gewöhnlicher Andorn S. 22, Pfeffer-Minze S. 69, Ufer-Wolfstrapp S. 93

Hohler Lerchensporn
Corydalis cava
Erdrauchgewächse

> H 15–30 cm > März–April
> Staude > giftig

Merkmale Pflanze mit kugeliger, bald hohl werdender Knolle. Stängel einzeln, unverzweigt, aufrecht, mit 2 Blättern. Blätter blaugrün, kahl, doppelt 3-zählig, mit eingeschnittenen Abschnitten. Blüten in vielblütigen, endständigen Trauben, trübrot und gelblich weiß. Früchte kleine Schoten mit zahlreichen Samen.
Fundort Buchenwälder, Hecken, Gebüsch.
Wissenswertes Die hohle Knolle des Lerchensporns ist am giftigsten. Sie enthält verschiedene Alkaloide (Bulbocapnin), die eine seltsame Bewegungsstarre erzeugen. Vergiftungen sind jedoch nicht bekannt geworden, da die Knolle relativ tief in der Erde steckt. Ein Teppich aus Hohlem Lerchensporn mit seinen roten und weißen Blüten unter grünen Buchen ist im Frühjahr ein wunderschöner Anblick. Auch Hummeln und Bienen freuen sich über das reiche Nektarangebot.

Verwechslungsmöglichkeit
Hohe Schlüsselblume S. 83

Schlaf-Mohn

Papaver somniferum
Mohngewächse

> H 50–100 cm > Juni–Aug.
> 1-jährig > stark giftig

Merkmale Stängel unten kahl, oben oft borstig behaart. Blätter oval bis eiförmig, unregelmäßig gezähnt, kahl, blaugrün, untere gestielt, obere mit breitem Grund stängelumfassend. Kronblätter lila, rot oder weiß, 3–6 cm lang. Kapsel kugelig.
Fundort Kulturpflanze.
Wissenswertes Schlaf-Mohn ist als Arzneipflanze seit 3000 vor Christus bekannt. Mit Rohopium getränkte Schwämme wurden im Mittelalter als Betäubungsmittel bei Operationen verwendet. Überall auf der Welt setzt man Opium gegen Husten (Codein) und Durchfall ein. Es beruhigt, nimmt Schmerzen und narkotisiert. Bei chronischem Gebrauch entwickeln sich Abhängigkeit und Sucht. Der Anbau von Schlaf-Mohn ist verboten. Der Gebrauch von Opium und seinen Derivaten fällt unter das Betäubungsmittelgesetz. Der Samen ist nahezu alkaloidfrei und wird für Kuchen und Gebäck verwendet

Verwechslungsmöglichkeit
Klatsch-Mohn S. 70

Schöllkraut

Chelidonium majus
Mohngewächse

> H 30–80 cm > April–Nov.
> Staude > giftig

Merkmale Meist wintergrün. Stängel aufrecht, abstehend behaart, verzweigt, innen hohl, mit orangegelbem Milchsaft. Blätter wechselständig, blaugrün, gefiedert, Zipfel rundlich, buchtig, zerstreut behaart. Blüten gelb, 4 Kronblätter etwa 1 cm lang, in wenig-blütigen Dolden. Früchte schotenförmige Kapseln, ohne Scheidewand. Samen schwarz, eiförmig, mit weißem Anhängsel.
Fundort Hecken, Wegränder, Mauern.
Wissenswertes Bei äußerer Anwendung ist keine Vergiftung zu befürchten. Warzen verschwinden nach dem Betupfen mit frischem Saft. Der unangenehme Geschmack hält vom Verzehr größerer Mengen der frischen Pflanze ab, deshalb sind Vergiftungsfälle nicht bekannt. Schöllkraut entspannt bei Krämpfen von Leber, Galle und Magen-Darm. Da es eventuell Leberschädigungen hervorruft, darf man Zubereitungen mit maximal 2,5 mg Chelidonin Tagesdosis nicht länger als 4 Wochen einnehmen.

Verwechslungsmöglichkeit
Knoblauchsrauke S. 18

Schwarzes Bilsenkraut
Hyoscyamus niger
Nachtschattengewächse

> H 20–80 cm > Juni–Sept.
> 1-/2-jährig > sehr stark giftig

Merkmale Pflanze einfach oder verzweigt, klebrig, zottig behaart, muffig riechend Blätter länglich eiförmig, grob buchtig gezähnt, am Rand und auf den Rippen kurz behaart. Blüten einzeln in Blattachseln, aufrecht, fast sitzend, Krone glockig, trübgelb, meist violett geadert, im Schlund dunkel violett. Frucht eine eiförmige Kapsel mit bis zu 200 Samen, mit einem Deckel aufspringend.
Fundort Brachen, Mauern, Gebüsch.
Wissenswertes Alle Pflanzenteile sind sehr stark giftig. Wurzeln und Samen verwendeten schon die alten Ägypter als Schmerzmittel. Das Kraut enthält die giftigen Tropanalkaloide Scopolamin und Hyoscyamin. Vergiftungssymptome zeigen sich in Unruhe, Verwirrtheit, Herzrhythmusstörungen, Bewusstlosigkeit und Tod durch Atemlähmung. Homöopathisch bei Unruhe und Erregungszuständen, zur Stärkung des Herz-Kreislaufsystems. Steht unter Naturschutz.

Verwechslungsmöglichkeit
Gewöhnliche Nachtkerze S. 71

Bittersüßer Nachtschatten
Solanum dulcamara
Nachtschattengewächse

> H 30–150 cm > Juni–Aug.
> Halbstrauch > giftig

Merkmale Stängel unten holzig, kantig. Blätter eilanzettlich länglich, obere mit 2 Seitenblättchen. Blüten in Rispen, violett, Kronblätter zurückgeschlagen, Staubbeutel gelb, zu einer Röhre vereint. Beeren eiförmig, 1 cm lang, erst grün, dann rot.
Fundort Feuchte Wälder, Ufer, Gebüsch.
Wissenswertes Die Blätter und Stängel des Bittersüßen Nachtschattens enthalten am meisten giftige Alkaloide (Solanine), wenn seine Beeren grün sind. Vergiftungssymptome zeigen sich in Form von Kratzen im Hals, Kopfschmerzen, Erbrechen, Durchfall sowie Pupillenerweiterung. Sie treten oft erst nach Stunden auf. Die ausgereiften, roten Beeren enthalten praktische keine Alkaloide mehr. Deswegen kommt es nur bei Verzehr größerer Mengen zu schweren Symptomen. Therapeutisch werden die getrockneten Stängel bei chronischen Hauterkrankungen wie Neurodermitis und juckenden Ekzemen genutzt

Verwechslungsmöglichkeit
Beeren mit denen der Berberitze S. 27

Schwarzer Nachtschatten

Solanum nigrum
Nachtschattengewächse

> H 10–60 cm > Juni–Okt.
> 1-jährig > giftig

Merkmale Stängel aufrecht, krautig, verzweigt. Blätter eiförmig, fast 3-eckig, gestielt, wechselständig, ganzrandig, grob buchtig. Blüten weiß, in lockeren Blütenständen, die 5 Kronblätter zurückgeschlagen. Staubbeutel gelb, zu einer Röhre vereint. Frucht eine kugelige, grüne, reif schwarze Beere.
Fundort Gärten, Äcker, Wegränder.
Wissenswertes Die Giftigkeit des Schwarzen Nachtschattens wird sehr widersprüchlich beurteilt. Der Gehalt an dem Alkaloid Solanin nimmt von den grünen, unreifen Beeren über Blätter und Stängel bis zu den reifen, schwarzen Früchten ab. Letztere sind gänzlich frei von Alkaloiden. Vergiftungen kommen demzufolge kaum vor. Wenn doch, zeigen sie sich in erweiterten Pupillen, hochrotem Kopf und Übelkeit. Homöopathisch wird die Pflanze bei Erkrankungen des Zentralnervensystems eingesetzt.

Verwechslungsmöglichkeit
Heidelbeeren S. 47

Tollkirsche

Atropa bella-donna
Nachtschattengewächse

> H 50–150 cm > Juni–Aug.
> Staude > sehr stark giftig

Merkmale Im unteren Teil verzweigt, drüsig behaart. Blätter breit lanzettlich, ganzrandig, bis zu 20 cm lang, gestielt, je 1 großes und 1 kleines Blatt stehen zusammen, dazwischen 1 lang gestielte Blüte. Blüten grünlich bis braunviolett, eng glockenförmig, mit kurzem, 5-teiligem, zurückgebogenem Rand, innen purpurne Adern. Frucht eine schwarze, kirschgroße, glänzende Beere.
Fundort Laubwälder, Kahlschläge, Waldränder.
Wissenswertes Die Pflanze ist tödlich giftig. Besonders gefährlich sind die blauschwarzen Beeren, die leider gut schmecken. Mehr als zwei können für Kinder und mehr als 10 für Erwachsene tödlich sein. Vergiftungssymptome sind Rötung des Gesichts, Trockenheit der Schleimhäute, Pulsbeschleunigung, Pupillenerweiterung, Delirium und Tod durch Atemlähmung. In der Notfallmedizin ist ihr Inhaltsstoff (Atropin) lebensrettend.

Verwechslungsmöglichkeit
Große Klette S. 57, Heidelbeere S. 47

Echtes Seifenkraut

Saponaria officinalis
Nelkengewächse

> H 30–70 cm > Juli–Sept.
> Staude > schwach giftig

Merkmale Ausgebreitet kriechend, meist kahl, mit unterirdischen Ausläufern. Blätter gegenständig, lanzettlich, bis zu 10 cm lang. Blüten hellrosa, Blüten in gestielten, doldigen Blütenständen am Ende des Stängels. Kronblätter mit langem Stiel 3–4 cm lang, am Schlundeingang mit schuppigen Nebenkrönchen. Kelch röhrenförmig. Kapsel etwa 2 cm lang, mit 4 Zähnen aufspringend.
Fundort Wegränder, Schuttplätze, Bachufer.
Wissenswertes Besonders die Wurzeln stecken voller Saponine, daher der Name. Dies sind seifenähnliche Stoffe, die beim Schütteln mit Wasser Schaum entwickeln. Die lösende Eigenschaft der Saponine wurde bei chronischem Husten genutzt. Da es bei gereizten Schleimhäuten zu inneren Blutungen kommen kann, verschwand diese Pflanze aus dem Arzneischatz. Eine zu hohe Dosierung führt zu Reizungen in Mund und Rachen, bei noch höherer Dosierung zu Erbrechen.

Verwechslungsmöglichkeit
Echtes Tausendgüldenkraut S. 88

Gewöhnliche Haselwurz

Asarum europaeum
Osterluzeigewächse

> H 5–10 cm > April–Juni
> Staude > giftig

Merkmale Immergrün. Stängel kriechend und lockere Bestände bildend. Blätter lang gestielt, dunkelgrün, breit nierenförmig, glänzend, lederartig, Durchmesser 3–6 cm, nach Verreiben pfefferartig riechend. Blüten einzeln, rotbraun, außen grünlich, glockenförmig, mit meist 3 einwärts gebogenen Zipfeln, drüsig behaart, 1–1,5 cm lang. Frucht eine 6-fächrige, kuglige Kapsel mit mehreren Samen.
Fundort Humusreiche Laubwälder, Gebüsch.
Wissenswertes Alle Teile der Pflanze sind giftig. Nach hoher Dosis sind alle Schleimhäute stark gereizt, es folgen Übelkeit, Erbrechen und Durchfall. Wegen der Giftwirkung wurde die Haselwurz nur bis zum 18. Jahrhundert als Brechmittel genutzt. Besonders das ätherische Öl der Wurzel kann bei Überdosierung tödlich wirken. Wird in der Homöopathie bei Schleimhautreizung und geistiger Erschöpfung eingesetzt.

Verwechslungsmöglichkeit
Wohlriechendes Veilchen S. 21, Scharbockskraut S. 115

Echte Osterluzei
Aristolochia clematitis
Osterluzeigewächse

> H 20–80 cm > Mai–Juli
> Staude > giftig

Merkmale Stängel aufrecht, unverzweigt, leicht hin und her gewunden, unten verholzt. Blätter tief herzförmig, bis zu 10 cm lang, ganzrandig, lang gestielt. Blüten schwefelgelb, mit langer Röhre, unten kugelig zu einer Fliegenkesselfalle erweitert, in Büscheln in den Blattwinkeln stehend. Frucht mit vielen Samen, hängend.
Fundort Hecken, Mauern, Weinberge.
Wissenswertes Die ganze Pflanze ist giftig. Sie enthält Aristolochiasäure, die zu Erbrechen, Magen-Darm-Krämpfen und Blutdruckabfall führt. In Tierversuchen verursachte sie in hoher Dosierung über lange Zeit Krebs und veränderte das Erbgut. Osterluzei wurde in alten Zeiten für Abtreibungen benutzt, die oft zum Tode führten. In der Volksheilkunde war sie als Wundheilpflanze sehr geschätzt. Heute wird sie nur homöopathisch bei Menstruationsbeschwerden und Venenerkrankungen eingesetzt.

Verwechslungsmöglichkeit
Garten-Bohne S. 29

Roter Fingerhut
Digitalis purpurea
Wegerichgewächse

> H 60–150 cm > Juni–Aug.
> 2-jährig > sehr stark giftig

Merkmale Stängel und Blattunterseite flaumig behaart. Blätter länglich eiförmig, fein gekerbt bis gesägt, Oberseite dunkelgrün, runzlig, die unteren lang gestielt und breit, die oberen sitzend und schmaler. Blüten purpurrot, nickend, in endständiger Traube, innen mit dunkelroten, weiß umrandeten Flecken, außen kahl, innen bärtig. Fruchtkapsel herzförmig, öffnet sich mit 2 Klappen.
Fundort Waldlichtungen, Kahlschläge.
Wissenswertes Alle Fingerhut-Arten sind in allen Teilen sehr stark giftig. Symptome sind unregelmäßiger Puls, Erbrechen, Durchfall, Herzrhythmusstörungen und schließlich Herzstillstand. Da Fingerhut auch eine beliebte Gartenpflanze ist, vergiften sich oft Kinder. Alle Pflanzenteile schmecken sehr bitter, das Erbrechen setzt sehr schnell ein. Schon 2–3 Blätter gelten als tödlich. Homöopathisch bei Herzschwäche und Migräne.

Verwechslungsmöglichkeit
Borretsch S. 30, Blut-Weiderich S. 91, Großblütige Königskerze S. 58, Beinwell S. 26

Indische Scheinerdbeere

Duchesnea indica
Rosengewächse

> H 10–50 cm > April–Juli
> Staude > ungenießbar

Merkmale Stängel niederliegend, unverzweigt, an den Knoten wurzelnd, mit lang gestielten, 3-zähligen Blättern, Teilblätter gestielt. Blüten gelb, einzeln auf langen Stielen, Kronblätter etwa so lang wie Kelchblätter, etwa 1 cm, 3-zähnig. Frucht eine kugelige, aufrecht stehende, rote, fad schmeckende Scheinbeere.
Fundort Hecken, Wegränder, Gärten.
Wissenswertes Die Heimat dieser Pflanze ist Süd- und Südostasien. Mittlerweile ist sie jedoch überall zu Hause. In China wird sie als Heilpflanze genutzt. Ein Tee aus den Blättern entzieht Entzündungen den Boden und wird deswegen bei Ekzemen, eitrigen Abszessen und dicken Mandeln eingesetzt. Die gelben Blüten sind die Grundlage für einen Tee, der den Blutkreislauf stärkt. Und die Früchte werden zerquetscht und auf entzündete Hautpartien aufgetragen. In Gärten ist die Pflanze ein expansiver Bodendecker.

Verwechslungsmöglichkeit
Wald-Erdbeere S. 36

Sumpf-Schachtelhalm

Equisetum palustre
Schachtelhalmgewächse

> H 20–60 cm > Juni–Sept.
> Staude > giftig

Merkmale Grüne, fertile und sterile Stängel, enden mit brauner, stumpfer Sporangienähre, nicht über 3 mm dick, tief gefurcht, meist mit Seitenästen, unterstes Astglied stets deutlich kürzer als die Stängelscheide, Scheiden locker, 5- bis 8-zähnig. Zähne braun mit schwarz-brauner Spitze und weißlichem Rand.
Fundort Feuchtwiesen, Flachmoore, Ufer.
Wissenswertes Besonders für Rinder und Pferde ist der Sumpf-Schachtelhalm giftig, für den Menschen jedoch nicht. Die Giftstoffe bleiben auch nach dem Trocknen erhalten. Bei Pferden wurden die Symptome als »Taumelkrankheit« beschrieben. Es kommt zu Krämpfen und Lähmungen und völliger Entkräftung. Die Inhaltsstoffe der Pflanze blockieren die Aufnahme von Vitamin B1, das Pferde über das Futter aufnehmen müssen. Kühe geben weniger Milch und zeigen Lähmungserscheinungen.

Verwechslungsmöglichkeit
Acker-Schachtelhalm S. 81

Gewöhnlicher Goldregen

Laburnum anagyroides

Schmetterlingsblütler

> H 6–7 m > April–Juni
> Strauch > sehr stark giftig

Merkmale Äste hellgrau, Zweige überhängend. Blätter büschelig, 3-zählig, kleeähnlich mit 3 Blättchen. Blüten goldgelb in reichblütigen, hängenden Trauben. Früchte braune, längliche Hülsen, bleiben lange an der Pflanze hängen, flache, dunkelbraune Samen.

Fundort Zierstrauch, häufig verwildert.

Wissenswertes Die ganze Pflanze ist giftig, vor allem die Früchte mit den erbsengroßen Samen. Vergiftung tritt nach Auslutschen der Blüten, nach Kauen der süßlich schmeckenden Wurzel und besonders nach Kauen der Samen auf. Auf Brennen in Mund und Rachen folgt oft stundenlanges Erbrechen. Dabei werden die giftigen Pflanzenteile meist wieder ausgeschieden. Bei höherer Dosis Schwindel, Schweißausbrüche, Schwäche, Lähmungen und schließlich Tod durch Atemlähmung. Für Kleinkinder sind 15–20 Samen tödlich. Homöopathisch bei Seekrankheit, Schlaflosigkeit, Depression.

Verwechslungsmöglichkeit
Besen-Ginster S. 16

Bunte Kronwicke

Securigera varia (Coronilla varia)

Schmetterlingsblütler

> H 30–120 cm > Juni–Aug.
> Staude > schwach giftig

Merkmale Stängel liegend oder aufsteigend. Blätter unpaarig gefiedert, mit 6–12 Fiederpaaren, Teilblätter länglich, mit Spitzchen. Blüten rötlich lila bis weiß, Schiffchenspitze violett, Blüten gestielt, zu 5–20 in einer lang gestielten, kopfigen Dolde. Frucht schmal, schwach gegliedert, 2–8 cm lang.

Fundort Wegränder, trockene Wiesen, Abhänge.

Wissenswertes Die ganze Pflanze und besonders die Samen enthalten herzwirksame Glykoside (Coronilla-Glykoside). Diese werden aber vom menschlichen Körper nach dem Verschlucken nicht aufgenommen (resorbiert) und sind daher für die Giftwirkung nicht verantwortlich. Trotzdem wurden bei Kindern in seltenen Fällen (7%) Bauchschmerzen und Erbrechen beobachtet. Nitroverbindungen in der blühenden Pflanze gelten als Verursacher der Giftwirkung auf Tiere.

Verwechslungsmöglichkeit
Geißraute S. 41

Seidelbast

Daphne mezereum
Seidelbastgewächse

> H 30–120 cm > März–April
> Halbstrauch > sehr stark giftig

Merkmale Zweige nur an den Spitzen beblättert. Blätter lanzettlich, kurz gestielt, 2–6 cm lang, erscheinen erst nach der Blüte. Blüten rosa bis violettrot, duftend, zu 1–4 in den Achseln vorjähriger Blätter, Kelchröhre behaart. Leuchtend rote Steinfrüchte, Durchmesser 5–10 mm.
Fundort Wälder, Felsschutt, Gebüsch.
Wissenswertes Seidelbast steht unter Naturschutz. Alle Teile, besonders Rinde und Früchte, sind sehr stark giftig. Sie wurden zwar im Altertum bei Rheuma und Gicht verwendet, führten aber oft zu Vergiftungen. Obwohl die Beeren sehr scharf schmecken, probieren Kinder sie immer wieder. Schon wenige Beeren führen zu extrem starken Schleimhautreizungen im Mund und Rachen, Krämpfen, Durchfall, Nierenschädigung und Kollaps. In der Homöopathie verwendet man *Mezereum* bei Hautbeschwerden, Gürtelrose, Neuralgien und Knochenschmerzen.

Verwechslungsmöglichkeit
Sanddorn S. 100

Stechpalme

Ilex aquifolium
Stechpalmengewächse

> H 1–10 m > April–Mai
> Strauch > schwach giftig

Merkmale Immergrün, meist zweihäusig. Blätter eiförmig, derb, lederartig, dornig gezähnt, bei alten Pflanzen auch ganzrandig, dunkelgrün, glänzend, vollständig kahl. Blüten mit weißen bis rötlichen Kronblättern, in Büscheln in den Blattachseln. Frucht eine leuchtend rote Beere.
Fundort Lichte Laubwälder.
Wissenswertes Die Blätter und die roten Beeren sind giftig. Da Ilexzweige mit roten Beeren gern als Weihnachtsschmuck verwendet werden, kommt es immer wieder vor, dass Kinder die Beeren verschlucken. Bei 15% traten Magen- und Darmbeschwerden mit Durchfällen und Fieber auf. Bei mehr als einer Handvoll Früchte sollte ein Arzt gefragt werden. Der Tee aus den Blättern senkt das Fieber. Edward Bach stellte aus den Blüten die *Holly*-Essenz her. Sie hilft, das Herz zu öffnen und großherzig zu sein. Die Stechpalme steht unter Naturschutz.

Verwechslungsmöglichkeit
Mahonie S. 99

Taumellolch

Lolium temulentum
Süßgräser

> H 30–80 cm > Juli–Aug.
> 1-jährig > schwach giftig

Merkmale Locker horstförmig wachsendes Gras, grau bis blaugrün. Blätter bis zu 8 mm breit, in der Knospenlage gerollt, Ähre bis zu 30 cm lang, steif aufrecht. Ährchen 1,5–2,5 cm lang, Längsseite der Ährenachse anliegend, Deckspelzen fast knorpelig, lang begrannt.
Fundort Felder mit Sommergetreide, Wegränder.
Wissenswertes In vergangenen Jahrhunderten wurde immer wieder über Vergiftungen mit Brot berichtet, das durch die Samen des Taumellolchs verunreinigt war. Symptome sind Gefühle von Trunkenheit, Schwindel, Trübung des Denkvermögens und Schlafsucht. Manchmal wurde das Biergetreide damit gestreckt, damit das Bier intensiver wirkte. Heute weiß man, dass für die Symptome gar nicht der Taumellolch verantwortlich war, sondern ein parasitärer Fadenwurm voller Bakterien, der die Samen befallen hatte.

Verwechslungsmöglichkeit
Gewöhnliche Quecke S. 75

Zypressen-Wolfsmilch

Euphorbia cyparissias
Wolfsmilchgewächse

> H 15–40 cm > April–Juni
> Staude > giftig

Merkmale Stängel zahlreich, unten verholzt, unter dem Blütenstand mit nicht blühenden Seitentrieben. Blätter wechselständig, schmal lineal, dünn, gelbgrün. Blütenstand 10- bis 20-strahlig, Tragblätter 3-eckig bis halbkreisförmig, nicht verwachsen, hellgelb, oft rot werdend, Hüllbecher mit sichelförmigen, gelben Drüsen. Frucht mit halbkugeligen Warzen.
Fundort Böschungen, Wegränder, Magerwiesen.
Wissenswertes Alle Pflanzenteile, die Milchsaft enthalten, sind giftig. Der Milchsaft ruft auf der Haut Reizungen und Entzündungen hervor. Wird die Pflanze verschluckt, sind Magenschmerzen, blutiger Durchfall und Unruhe die Folge. Bei großer Menge kann es zu Organschädigungen kommen. Homöopathen verwenden *Euphorbia* bei Katarrhen der Atemwege, Ekzemen, Koliken und Schuppenflechte.

Verwechslungsmöglichkeit
Gewöhnliches Leinkraut S. 62

Sadebaum
Juniperus sabina
Zypressengewächse

> H 200–300 cm > April–Mai
> Strauch > sehr stark giftig

Merkmale Immergrün, niederliegend, zweihäusig. Blätter an jungen Pflanzen und an jungen Trieben nadelförmig, an älteren schuppenartig, 1,5–2 mm lang, am Zweig herablaufend, sich dachziegelartig überdeckend. Beerenzapfen erbsengroß, reif dunkelblau, weißlich bereift.
Fundort Parkanlagen, Friedhöfe, in den Alpen verwildert.
Wissenswertes Alle Pflanzenteile, vor allem die Zweigspitzen, enthalten ätherisches Öl mit dem sehr giftigen Inhaltsstoff Sabinen. Vergiftungen zeigen sich als Erbrechen, starke Entzündungen im Magen-Darmtrakt mit blutigen Durchfällen und blutigem Urin. Es folgen Krämpfe und zentrale Lähmung, oft mit Todesfolge. Auf der Haut führt dieses Öl zu entzündlichen Erscheinungen. Als homöopathisches Medikament wird *Sabina* bei Beschwerden der Beckenorgane, insbesondere des Uterus, eingesetzt.

Verwechslungsmöglichkeit
Gewöhnlicher Wacholder S. 103

Thuja (Abendländ. Lebensbaum)
Thuja occidentalis
Zypressengewächse

> H bis zu 20 m > April–Juni
> Baum > sehr stark giftig

Merkmale Zweige wie ein Fächer waagerecht ausgebreitet, flach, oberster Wipfel steif aufrecht stehend. Blätter schuppenförmig, in 4 Reihen sich dachziegelartig überdeckend, die oberen und unteren flach, mit einem rundlichen Drüsenhöcker, die seitlichen gefaltet. Reife Zapfen 6–12 mm lang, braun, mit zugespitzten Schuppen.
Fundort Heckenstrauch, Parkbaum.
Wissenswertes Besonders in den jungen Zweigspitzen der Thuja ist ätherisches Öl mit sehr viel Thujon enthalten. Nach Verzehr kommt es zu schwersten Vergiftungen mit lang anhaltenden Krämpfen und Schädigungen von Leber, Niere und Magen und zuletzt Lähmung des Zentralnervensystems. Als homöopathisches Medikament hilft Thuja bei Warzen und Folgeschäden von Impfungen. Es hilft Menschen mit geringem Selbstwertgefühl bei Erkrankungen der Lymphe, der Nerven und bei Muskel- und Gelenkrheuma.

Verwechslungsmöglichkeit
Wacholder S. 103

Adonisröschen Enthält in allen Teilen herzwirksame Glykoside. Da sie der Körper nur sehr schlecht aufnehmen kann, ist die Vergiftungsgefahr gering. Homöopathisches Herzmittel. Geschützte Art.

Akelei Enthält in geringen Mengen Blausäure-Glykoside, ist nur schwach giftig. Vergiftungen zeigen sich in Übelkeit, Erbrechen und Durchfall, sind aber bislang nicht bekannt geworden. Geschützte Art.

Christrose Die ganze Pflanze ist sehr giftig. Vergiftungen zeigen sich in erhöhtem Speichelfluss, Erbrechen, Durchfall und Symptomen am Herzen. Auch das Trinken des Blumenwassers ist gefährlich.

Eisenhut-Arten Einige der giftigsten Pflanzen Europas. Das Gift wird auch durch die Haut aufgenommen, Pflücken ist vor allem für Kinder gefährlich. Tod durch Atemlähmung nach Kribbeln, Erbrechen, heftigen Schmerzen.

Küchenschelle Nur die frische Pflanze ist giftig, Protoanemonin reizt die Haut und führt zu Magen-Darm-Beschwerden. *Pulsatilla* ist ein wertvolles homöopathisches Mittel vor allem in der Frauenheilkunde. Geschützte Art.

Sumpfdotterblume Die frische Pflanze enthält nur sehr wenig giftige Protoanemonine. Möglich sind Schleimhaut- und Hautreizungen. Homöopathisch bei Hautflechten, Keuchhusten, Menstruationsbeschwerden.

Trollblume Nur schwach giftig, wird vom Weidevieh jedoch gemieden. Enthält wie alle Hahnenfußgewächse Protoanemonine, die Haut und Schleimhaut reizen, manchmal bis zur Blasenbildung. Geschützte Art.

Lampionblume Die reifen Beeren sind essbar. Die unreifen Beeren und alle anderen Pflanzenteile enthalten bittere Stoffe. Nur Kleinkinder bekommen nach zu vielen Beeren manchmal Übelkeit und Bauchkrämpfe.

Engelstrompete Alle Teile dieser beliebten Kübelpflanze enthalten hochgiftige Alkaloide. Symptome sind Pupillenerweiterung, trockener Mund, Herzrasen, Halluzinationen, Krämpfe, Tod durch Atemlähmung.

Stechapfel Alle Teile, vor allem Samen und Blätter, enthalten hochgiftige Alkaloide. Symptome sind Pupillenerweiterung, trockener Mund, Herzrasen, Halluzinationen, Lähmungen bis zum Tod durch Atemlähmung.

Einbeere Die ganze Pflanze und besonders die blauschwarzen Beeren gelten als leicht giftig. Sie schmecken jedoch schlecht. Symptome sind Erbrechen, Durchfall, Kopfschmerzen und Sehstörungen.

Tabak In allen Teilen steckt das hochgiftige Alkaloid Nicotin. Es wird schnell über Haut, Lunge und Schleimhäute aufgenommen. Auf Übelkeit, Durchfall, Herzrasen, kalten Schweiß folgen Atemlähmung und Tod.

Zum Weiterlesen

Beiser, R.: Tee aus Kräuter und Früchten. Sammeln, zubereiten, genießen. Kosmos 2010

Frohne, D., Pfänder, HJ.: Giftpflanzen. WVG 2004

Roth, L., Daunderer, M., Kormann, K.: Giftpflanzen – Pflanzengifte. Nikol 2008

Dreyer, E-M.: Essbare Wildkräuter und ihre giftigen Doppelgänger. Kosmos 2011

Vonarburg, B.: Homöotanik. Bd 1–4, Haug 2009

Fischer, W.-K.: Welche Heilpflanze ist das? Kosmos 2005

Lauber, K., Wagner, G., Gygax, A.: Flora Helvetica. Haupt Verlag 2012

Puhle, A., Trott-Tschepe, J. Möller, B.: Heilpflanzen für die Gesundheit. Kosmos 2013

Scheffer, M.: Die Original Bach-Blüten. Finden, bestimmen und anwenden. Kosmos 2011

Schönfelder, P. und I.: Der Kosmos Heilpflanzenführer. Kosmos 2010

Storl, W.-D.: Die Seele der Pflanzen, Botschaften und Heilkräfte aus dem Reich der Kräuter. Kosmos 2009

Stumpf, U.: Unsere Heilkräuter. Bestimmen und anwenden. Kosmos 2011

Stumpf, U.: Pflanzengöttinnen und ihre Heilkräuter. Kosmos 2010

Internet

www.botanikus.de/Botanik3/Ordnung/ordnung.html

www.gizbonn.de/index.php?id=150 = Informationszentrale gegen Vergiftungen

www.giftpflanzen.com

www.ausgabe.natur-lexikon.com/Giftpflanzen.php

Über die Autorin

Ursula Stumpf ist promovierte Apothekerin. Sie arbeitete 20 Jahre als Heilpraktikerin und gründete 1998 in Karlsruhe ihre Kräuterschule »Kräuterweisheiten«. Ihre Kurse transportieren die Botschaften der Heilpflanzen als aktive Lebenshilfe mitten in jeden Alltag. Darüber hinaus gibt sie ihr Wissen, ihre Erfahrungen und ihre Begeisterung in Seminaren, Kräuterspaziergängen, Vorträgen, Artikeln, Büchern, einer CD und regelmäßig im Fernsehen weiter.

Mit 279 Fotos. 28 von M. Hassler/F. Hecker (S. 22u, 23u, 36u, 37u, 39u, 40, 42u, 65, 69u, 72, 75ol, 75or, 75u, 77u, 78o, 93u, 106r, 108l, 116r, 117l, 117r, 118r, 119l, 121r, 125l, 129r, 131l, 134l); 1 von A. Hartl/Blickwinkel über F. Hecker (S. 120l); 2 von A. Jagel/Blickwinkel über F. Hecker (S. 71u, 127l); 1 von F. Perseke/Blickwinkel über F. Hecker (S. 58or); 1 von F. Teigler/Blickwinkel über F. Hecker (S. 76l); 1 von R. Spohn/Hecker (S. 76r); 9 von U. Stumpf (S. 133, 144ol, 144or, 144ul, 144ur, alle Umschlaginnenseite hinten innen). Alle anderen von Frank Hecker.
Mit 57 Illustrationen von Wolfgang Lang/Kosmos (Umschlaginnenseite vorne, S. 1) und 2 Symbolen von Wolfgang Lang/Kosmos.

Umschlaggestaltung von estudio calamar unter Verwendung von Fotos von Frank Hecker. Vorderseite: Das linke Motiv zeigt den Blutweiderich *(Lythrum salicaria)*, das rechte den Roten Fingerhut *(Digitalis purpurea)*. Rückseite: Das linke Motiv zeigt den Bärlauch *(Allium ursinum)*, das rechte das Maiglöckchen *(Convallaria majalis)*.

Für die in diesem Buch beschriebenen Rezepte und Methoden übernehmen Autorin und Verlag keine Haftung. Weder Autorin noch Verlag haften für Schäden, die aus der Anwendung der im Buch vorgestellten Hinweise und Ratschläge entstehen könnten. Bei gesundheitlichen Störungen sprechen Sie sich mit Ihrem Arzt oder Heilpraktiker ab. Die vorgestellten Methoden bieten keinen Ersatz für eine therapeutische oder medizinische Behandlung.

FSC® MIX
Papier aus verantwortungsvollen Quellen
FSC® C015829
www.fsc.org

Gedruckt auf chlorfrei gebleichtem Papier

ISBN 978-3-440-13691-1
Projektleitung: Dr. Stefan Raps
Lektorat: Barbara Kiesewetter
Satz: Barbara Kiesewetter
Produktion: Markus Schärtlein
Printed in Italy / Imprimé en Italie

Anwendungen von Heilpflanzen

Innerlich Mit wenig Aufwand können Sie aus den Heilpflanzen, die in Ihrer Umgebung wachsen, Ihre pflanzliche Hausapotheke herstellen. Schon durch gründliches Trocknen werden die Pflanzen für mindestens 1 Jahr haltbar. Sie können für alle Zubereitungen frische oder getrocknete Pflanzen oder Pflanzenteile verwenden. Von der frischen Pflanze nehmen Sie etwa 3- bis 4-mal so viel wie von der getrockneten.

Tee Übergießen Sie etwa 1 TL getrocknete oder 3 TL frische Pflanzenteile mit 250 ml heißem Wasser und lassen Sie Blüten 3 Min., Blätter 5 Min. und härtere Pflanzenteile 10 Min. ziehen. Absieben und genießen.

Kaltauszug mit Öl Geben Sie das Pflanzengut in ein sauberes Glas und übergießen Sie es mit gutem Öl, etwa Oliven-Öl. Das Öl 4 Wochen bei Zimmertemperatur stehen lassen, täglich schütteln und dann absieben.

Wein Wein ist eine Mischung aus 10–12% Alkohol und Wasser. Darin lösen sich viele pflanzliche Wirkstoffe sehr gut. Lassen Sie einen Wein-Ansatz etwa 10 Tage stehen. Dann sieben Sie ihn ab. 1 Gläschen pro Tag.

Tinktur Dies ist ein Auszug in mindestens 40%-igem Alkohol, der viele Jahre haltbar ist. Pflanzenteile mit ausreichend Alkohol übergießen, 4 Wochen unter Umschütteln reifen lassen und dann abfiltrieren.